班组安全 100 丛书

生产班组亲历事故教训精编

“班组安全 100 丛书”编委会　组织编写

中国劳动社会保障出版社

图书在版编目(CIP)数据

生产班组亲历事故教训精编/“班组安全100丛书”编委会组织编写. -- 北京：中国劳动社会保障出版社，2020

(班组安全100丛书)

ISBN 978-7-5167-4446-8

Ⅰ.①生… Ⅱ.①班… Ⅲ.①生产小组-工业企业管理-安全管理-案例 Ⅳ.①F406.6

中国版本图书馆CIP数据核字(2020)第080333号

中国劳动社会保障出版社出版发行

(北京市惠新东街1号　邮政编码：100029)

*

北京市艺辉印刷有限公司印刷装订　新华书店经销

880毫米×1230毫米　32开本　7.125印张　166千字

2020年9月第1版　2020年9月第1次印刷

定价：28.00元

读者服务部电话：(010) 64929211/84209101/64921644

营销中心电话：(010) 64962347

出版社网址：http://www.class.com.cn

“班组安全100丛书”编委会

内容简介

本书主要由安全生产事故亲历者或知情者以第一人称的形式讲述自己或他人经历的事故发生过程以及深刻的教训，具有真实、可信的特点，能使读者产生震撼心灵的效果。

本书汇集了近年来发生在班组的事故伤害案例与教训，包括：违章违纪引发事故的亲身经历与教训、麻痹大意引发事故的亲身经历与教训、意外伤害事故的亲身经历与教训、危险事故的亲身经历与教训、不注重细节导致事故的亲身经历与教训、痛苦与悔恨事故的亲身经历与教训。希望通过这些真实发生的事故案例，让企业一线班组成员引以为鉴，从中吸取教训，从而重视安全生产工作，切实做到防患于未然。

前言

科学技术的进步，工业化大生产应用于各行各业，机械、电子设备的广泛使用极大地提高了劳动生产率，也使得工作环境日益得到改善。然而，工业化也带来了由于工作环境越来越复杂所产生的安全问题，要么不发生事故，要么会发生更加严重的事故。因此，生产方式的进步对作业人员安全意识的提高和安全习惯的养成有更高的要求。

俗话说“安全不安全，自己管一半。”很多伤害是操作者本人引发的事故造成的。因此，管住自己违章的“手”，就能有效地减少事故的发生，减少由此给自己带来的伤害。如果每个人都能做到这一点，事故的发生率就会大大降低。另外，如果掌握了充分的安全知识和避害技能，即使遇到了事故，也能有效地采取合理的措施，减少甚至避免伤害的发生。从这个角度讲，“安全不安全，自己管一半”可以改为“安全不安全，自己说了算”。

大量事实表明，许多刚参加工作的人员非常重视工作技能的学习，但却忽视安全知识的掌握，非得经历一次事故，才能真正明白安全生产的重要性。但是，一次安全生产事故有可能导致非常严重的后果，甚至使人遗憾终生。因此，企业一定要贯彻“安全第一、预防为主、综合治理”的方针，督促员工学习安全生产知识和技能，养成遵章守纪、不自作主张的良好习惯，确保安全生产，从而保障企业、员工的切身利益。

“班组安全 100 丛书”以案例的形式从事故预防的角度教育企业负责人和作业人员从以往发生的事故案例中吸取教训，从而提高安全生产意识，以免重蹈事故伤害的覆辙。

“班组安全 100 丛书”共有十三个分册，分别是：

《班组安全管理经验和方法精编》《违章违纪与操作失误事故分析精编》《危险作业现场隐患事故分析精编》《设备设施潜在隐患事故分析精编》《生产班组亲历事故教训精编》《机械制造企业班组安全生产事故分析精编》《冶金企业班组安全生产事故分析精编》《矿山企业班组安全生产事故分析精编》《道路交通运输企业班组安全生产事故分析精编》《化工企业班组安全生产事故分析精编》《建筑企业班组安全生产事故分析精编》《企业负责人安全生产责任分析与事故预防精编》《企业管理人员安全生产责任分析与事故预防精编》。

丛书案例均选自真实发生的生产事故，有的还来自当事人的自述，按照企业培训和员工自学的使用要求进行分类，经过精心编排，具有很重要的参考意义，适合企业对员工的安全生产培训，有助于员工安全生产意识的提高。

编者

2020 年 9 月

目录
CONTENTS

二、安全来自警惕，事故出于麻痹

一、遵纪是安全的保障，违章是家庭的祸殃

——违章违纪引发事故的亲身经历与教训

安全警句

安全必遵章，遵章才安全。

上岗别违章，回家吃饭香。

遵章守纪阳光道，违章违纪独木桥。

制止你一次违章，就是救你一次性命。

你对违章讲人情，事故对你不留情。

安全是生命之本，违章是事故之源。

行为习惯不规范，事故就在你身边。

安全在你的脚下，安全在你的手中。

提高员工安全意识，养成遵章守纪美德。

1. 一次违章行为断送两根手指

那年 12 月 31 日，本来是迎接新的一年的好日子，却成了定格在我（黄某某）记忆中的痛苦的日子，那一天我失去了两根手指，那

一天我从一个健全人变成了一个残疾人，那一天我才真正明白了“安全是生命之本，违章是事故之源”这句话的深刻含义。

我在一家钢铁公司工作，是一名废次材回收工，作业中经常与起重机打交道。记得那天在卸放最后一个料斗时，因起重机迟迟不能把料斗整齐摆放在定置管理位上，我一急就用双手去推料斗，背对着起重机司机，通过吹口哨给他起吊信号。给出起吊信号后未见起重机启动，我就回头去看起重机司机，并挥动右手示意他按信号开车，左手仍然扶在料斗的边缘。谁知就在我回头观望时起重机开动了，吊起的料斗与摆放在地上的料斗碰撞了一下，把我扶在料斗边缘的左手手指挤压了。

当我在手术台上听着“咔嚓”的手术声，经历着钻心的疼痛时，当我躺在病床上，看着妻子因彻夜照顾我憔悴的模样时，当我看到那伤残的手指时，我内心升起无尽的悔恨和痛楚。我常常默默地问自己为什么不按操作规程正对起重机司机给出明确信号呢？为什么不站在安全通道上扶料斗呢？为什么不把学到的安全知识应用到作业中呢？

我知道，这些责问已经不能改变发生事故的现实，也不能让我重新长出那两根手指，但我想用我的伤、我的痛提醒工友们：1%的违章或许就是100%的事故苗头，要安全生产，任何时候都不能违反操作规程。

2. 横跨溜子致左腿骨折

一个春光明媚的周末，我（郑某）戴上假肢拄着拐杖来到煤矿俱乐部，参观那里正在举办的历年来各煤矿“安全典型事故案例”图片展。

我在6年前受伤的事故案例，成了展览的内容之一。我不由自主地用手擦了擦眼角的泪水。由于违章作业横跨溜子，发生事故使我的左腿骨折，最终造成了残疾的后果。

那年 4 月 19 日上中班，我和一名工友负责采面机巷的端头支护和机尾巷的回撤工作。采煤机割煤到机尾时停下来了，我就和工友开始在端头进行移钢梁和支护工作，当打最后一根单体支柱时，顶板的矸石突然落下，造成溜子停止运转。工友正拖一根单体支柱，我看他拖着吃力，就去帮忙。当我双脚站在溜子里用双手去抱单体支柱时，停止运转的溜子突然恢复了运行，溜子内的刮板将单体支柱拉动，我的左腿被夹在溜子的机头里，造成粉碎性骨折。

如果当时溜子司机在重新启动溜子时能按照规定先实行“点动”的操作，如果当时在拖运单体支柱时能先通知溜子司机一声暂时不要开车，如果当时我不去违章横跨溜子，就不会出现这种事故了。种种假设已没有了意义，说到底，这次事故主要是因为我思想松懈、麻痹大意、安全意识差、违章作业的结果。

现在，我早已伤退在家，可一说起这件伤心的往事，就让我追悔莫及。

3. 皮带机绞断了我的右手

阳春三月，春光明媚，我（吴某）在老伴的陪同下来到矿俱乐部，参观矿里举办的“建矿 50 年事故案例回顾图片展”。我 20 年前因违章作业受伤的事故成了这次图片展的内容之一。看着看着，那次因违章作业被皮带机绞断右手造成终身残疾的一幕浮现在我的眼前。

那年 3 月 24 日，我上夜班，负责使用皮带机运输矿石。接班检查完设备后，班长通知我开车生产。由于山上货源充足，整个夜班一直都在忙碌，到次日凌晨时皮带机仍在工作。为了能按时下班参加同学聚会，我在皮带机仍在运转的情况下就开始打扫岗位卫生。我用橡胶水管冲洗皮带机的各部位，想着早些下班后回家洗个澡，然后进城参加同学聚会。冲洗完皮带机南面的平台后，水管要收到皮带机的北面去。这时，我走近皮带机的主动轮与减速机轮处将水管甩过皮带机，因减速机轮没有安装安全罩，我的上衣扣也未扣好，在使劲儿甩水管时飘起的上衣被减速机轮螺杆绞住旋转，我伸手去拉，右手被绞进皮带机减速机轮，当场被轧断，我昏了过去……

等醒过来时已经在医院里了，望着伤残的右手我深深忏悔。如果我能遵守安全操作规程，就不会失去右手；如果我发现减速机轮没有安装安全罩的隐患后能立即整改，就不会失去右手；如果我不是习惯性违章作业，那么我也不会失去右手……

现在，我已伤退在家。可一说起这段不堪回首的往事，我就悔恨不已。我想向战斗在工矿战线的工友们提一句忠告：用鲜血写成的规章制度，不要再用鲜血去验证，在岗工作一定遵章守规，高兴上班，平安回家！

4. 钢绳勒掉我 4 根手指

黄昏时分，冬日最后一丝阳光淡淡地照在他脸上，掩盖了些许的疲倦。他叫柯某，是我（郑某）在煤矿掘进 625 队的工友，我们都从事掘进工作。本不想再讲述他伤心的往事，但想到还有很多工友没有意识到习惯性违章的可怕性和危害性，因此，我决定说说那次他受伤的经过。

那年 8 月 8 日夜班，当时柯某和一名工友在南 1631 回风东头进行运输作业，由于空车在 6#层和 7#层穿层上山下落平巷 6 米处下道，下磨盘工发信号让松绳抬车。为了让工友拉绳子轻松点儿，柯某自已站在绞车前1米处用手拉钢绳。当时绞车未停电，制动闸未刹车，工作闸也未完全松到零位。柯某习惯性地用手去拉未停电的绞车钢绳，虽然违章，但因为常常这么干都没有出过事，没有太在意。没有想到这次刚拉了2~3米时，钢绳毛刺一下子将右手手套挂住了，将柯某的右手缠进了滚筒，造成了右手食指、中指、无名指、小指被钢绳勒掉的惨剧。值得庆幸的是，好在柯某当时还十分清醒，及时将绞车停住了，不然后果更加不堪设想。柯某好后悔自己当时为什么要站在绞车前拉钢绳，自己为什么不将绞车停了再拉钢绳，自己为什么没有意识到习惯性违章的危害性。每当说起这些，他常常声音哽咽，眼里含满泪水。

习惯性违章让他从此成了残疾人，那时他才33岁，可痛苦却将陪伴他一生。

5. 违章扒车造成妻离子散

每逢佳节倍思亲！某矿煤业公司运输队因违章致残的职工李某某大年初一上午在医院病房的轮椅上对医护人员悔恨地说："20年前我在井下如果不违章乘坐罐车，就不会造成双腿被截肢，就不会造成妻离子散的结局，就不会造成终身残疾，都怨我不讲安全，我真是上对不起父母，下对不起离去的妻儿。"说罢泪流满面，泣不成声……

李某某高中毕业后接父亲的班到某矿煤业公司运输队当了一名记工员。那年7月15日，他记完工出来看见井下大巷一列正在运行的拉煤罐车，就奋不顾身地违章爬了上去。由于罐车运行速度过快，在一处拐弯处有5辆罐车脱轨，李某某被摔成重伤。虽然在工友和医生的抢救下脱离了生命危险，但是，为了保住生命，医生给他做了两条腿截肢手术。他的脊椎在这次事故中也出了大问题，导致大小便失禁。事故发生后，结婚三年多的妻子抱着1周岁的儿子从农村老家来到矿上探望和护理李某某。两年后双方感情破裂，妻子提出离婚，经法院调解儿子归妻子抚养，从此李某某过上了“光棍”生活。

6. 逞能操作让我饱受痛苦

我叫李某某，在大学里学的专业是仪表自动化，毕业后来到河北某化工公司当了一名仪表维修工。四年专业知识的学习，让我有了较好的理论基础，再加上参加工作后勤于动手、虚心好学，我很快成为仪表维护的行家里手。依仗着自己技术过硬的本领，年轻的我不禁飘飘然起来，经常有意无意地违章操作。正是这种淡薄的安全意识，让我差点儿踏上不归路，现在想起来还心有余悸。

那年9月17日，是令我永远铭记的一天。这天正好轮到我和同事小张值班。上班后不久调度打来电话，通知我配料车间的一反应器压力表失灵，急需维修。对于仪表维修工来说，这是再简单不过的一个小活儿了，故障原因要么是压力表损坏，要么是传感器故障。我觉得这种技术含量较低的活儿自己很快就能手到“病”除，于是就违反互监互保制度，没有叫正在为自学考试复习的小张，逞一时之能，独自带上工具赶赴现场。

到现场后，我跟操作工打过招呼便拆下压力表进行测试。经测试压力表没有问题，于是我怀疑气相氢气的导淋管内有液相介质泄漏堵塞阀门，导致压力仪表失灵。按照操作规程，仪表维修人员到现场作业，要与车间生产工艺人员进行确认。除了仪表本体维修外，其他事项都要由生产工艺人员来完成，仪表维修人员不能擅自动用工艺系统及相关设备。但我觉得凭着自己较好的技术在极短的时间内会处理完毕，因此没有按照操作程序与配料车间生产工艺人员沟通分析和确认故障，在不熟悉工艺流程的情况下擅自关闭了南北两侧导淋管阀门，在没有系安全带的情况下登上罐顶试图打开阀门法兰检查处理堵塞故障。万万没有想到，刚一打开法兰便从接口处喷出大量氢气并发生爆燃，急于躲闪的我从罐顶坠落，摔成腰椎粉碎性骨折。

经过 3 次手术和近 1 年的治疗，我才重返工作岗位，但许多仪表维修工作我都做不了了，因为一用劲儿我的腰就疼痛难忍。在饱受肉体痛苦的同时，我心灵遭受着比肉体更痛苦的折磨。事故发生后，昔日乐观开朗的我变得沉闷了许多，因为每每想起事故发生时的那一刻，我就会不寒而栗。如果当时身边有小张互监互保，如果当时我按照操作程序询问车间生产工艺人员，如果当时高处作业的我系好安全带，事故都不会发生，违章的教训太深刻了！

人们常说艺高人胆大，但是在安全生产中，千万不要犯这样的错误，更不能违反操作规程而逞一时之能，因为任何的疏忽、麻痹和对安全规程的藐视，都可能酿成巨大的惨祸。这次违章差点儿就把我送进地狱之门，让我悔恨终生。

7. 没有严格执行“敲帮问顶”制度让我父亲丧命

我的父亲叫何某甲，曾是某煤矿的一名掘进工，由于我在生产中违章蛮干，没有严格执行“敲帮问顶”制度，让他老人家在还没有享受到儿孙满堂的幸福时就离开了人世。

我（何某乙）参加工作不久，父亲在队上的安排下成了我的结对师傅。那天夜班，我和父亲等人在岩石轨道巷碛头施工，等值班副队长交代了安全注意事项后，我们于 22 时 45 分到达作业点，进入碛头，随后我们便开始准备工作，检查现场安全、移前探梁等。由于我进碛头时忘了拿“敲帮问顶”专用工具，我就在工作面随便找了根木棒，胡乱敲了几下，就开始耙碛头左帮矸石。2 小时后，顺利耙完左帮矸石，在将碛头导向滑轮移向右侧准备耙右帮矸石过程中，我将导向滑轮递给右帮挂滑轮的工友后退回左帮时，被父亲狠狠地推了出去，随后，只见黑压压的一堆东西沉了下来，父亲便倒了下去。后来，我们发现是因为执行“敲帮问顶”制度不彻底，没有发现隐患，一块长约 1.2 米、宽约 0.7 米、厚约 0.3 米的岩石掉了下来。我们立即将全身是血的父亲送往地面抢救，但是由于受伤过重，父亲在被送往医院的路上永远闭上了眼睛。

事后，我心中的阴影久久不能抹去。如果当时我听父亲的话严格执行“敲帮问顶”制度，事故就不会发生，父亲就不会因救我而丧命。可是后悔换不来父亲的生命，在这里我想告诉工友们，严格按章操作，是对他人负责，更是对自己的生命负责。

8. 脸上那条疤痕伴随我度过后半生

每当我（李某）照镜子看到脸上那条长长的疤痕的时候，心中就会涌起无限的懊悔，几年前那惊险的一幕就会浮现在眼前。

我来煤矿工作后，经过培训考试被分配到公司的采煤队攉煤。经过几年的锻炼，我在攉煤的工作岗位上已经干得十分出色，多次受到矿、队表彰，当时心里充满了自信，认为无论是技术还是经验自己都比别人强几倍，所以干起活儿来就不像以前那么用心了。正是因为这种心态，让我付出了惨重的代价。

那年中秋节，我来到工作面开始了一天的工作。我先检查了岗位上的安全，接着攉煤、打临时护身支柱，支护了前排支柱，前期工序进行得非常顺利。由于当天是中秋节，为了争取早点儿回家与家人共度佳节，工作上就没那么较真儿了。我和工友小张开始回柱时，我负责回撤支柱、绞梁，小张观察安全、支护支柱，并恢复松动的绞梁。就在回撤最后一根绞梁时，由于绞梁与顶板未接顶，小张建议我先用一根支柱支护好这根绞梁，再卸另一根支柱，我却认为以自己的技术和经验没什么问题，于是在没有支柱的情况下我就开始卸那根支柱。世事难料，就在我想着马上可以回家和家人团聚的时候，“砰”的一声，受力的绞梁滑脱支柱急速反弹过来打在我的脸上，我立即晕倒在地。

当我再次睁开眼睛时，看见焦急的领导、工友，还有含泪的妻子和咿呀学语的小儿子，我这才意识到自己已经受伤住院了，脑海中模糊地呈现出那惊险的一幕。医生告诉我假如受伤的位置再偏一点儿，恐怕我就再也醒不过来了。

中秋佳节，本是与亲人团聚的日子，而我图省事违章作业，只能躺在医院，让妻儿和许多工友、领导操心。望着一张张憔悴的面容，我的眼睛模糊了，心里充满了愧疚。在此我用自己受伤的经历告诫大家：只有严格遵守操作规程，才能确保自己和工友的安全，让亲人放心。

9. 那次违章给我留下隐隐作痛的后遗症

每逢天阴下雨，我（劳某）的胳膊都会隐隐作痛，这是多年前那次违章作业事故给我留下的后遗症。对此，我一直心怀悔恨。

我是煤矿综采队的工人。一天夜班，我与工友们进入工作面进行安全检查，班长特别嘱咐我们一定要进行“敲帮问顶”，看看单体边柱有没有打结实。检查时我发现距离工作面 3 米高处在单体支柱的空隙有一处小顶板发生了突出，敲了敲还算结实，就没有找撬棍把它挖下来。当时我只想着要早点儿开机，多割几刀煤，多挣点儿工分。可是就是这一疏忽，给我留下了终生的遗憾。

割到第二刀煤时，有几块大煤卡在了皮带机上，我上去把皮带运输机停了，拿起大锤走过去准备砸煤。可还没等我抡起锤来，就听见顶板“劈啪”响了一声。当时我感到不好，想赶快躲开，已经来不及了，垮落的一小块矸石正好砸到了我的胳膊上，当时鲜血顺着袖筒流了出来。这时还有更多的小块矸石不停地往下掉，我心想，要是再垮一次顶，我的命可能就没有了。我强忍疼痛，使劲儿往外跑，大声呼救。工友们听见我的呼救声急忙赶了过来，给我进行了应急包扎。我抬头看了一眼顶板，垮了半米深，垮落的矸石最大的一块厚约20厘米。

这次事故让我在病床上整整躺了半年。班长到医院看望我时说：“你算是很幸运了。安全生产不能心存侥幸，那么多的安全操作规程都是用血的教训总结出来的，在井下工作一定要养成按照安全操作规程办事的习惯。”这起顶板事故和班长语重心长的话语我一直铭记在心。很多年过去了，不管干什么工作，我一直将这句话作为我的座右铭，随时提醒自己。

10. 违章让我骨盆骨折

我（史某某）在矿山工作已经很多年了，每当有新人进来，我都会叮嘱他们一定要安全操作。我之所以会这么重视安全，就是希望他们不要步我的后尘。每当回想起自己因违章操作受伤，被送进医院的那段痛苦经历，我心里就充满了悔恨。

出事的时候我刚来矿不久，担任运输摘钩工。那时的我血气方刚，觉得工作快速完成就行，什么规章制度都太麻烦了，所以经常在工作时要小聪明，但我想不到自己为此付出了惨重的代价。

一天早班快到收班的时候，我因前一天约了朋友吃饭，着急下班。看到安全员不在附近，没等拉矸石的车停稳我就摘钩，接着发信号给电机车司机，电机车司机接信号后便启动电机车。刚摘开钩的矸石车沿轨道继续向前滑行，由于一个人无法让滑行速度较快的重车停下来，我只能跟着重车往后倒退，可此时电机车头过岔道换道后开了过来。由于司机在后面看不见正在倒退的我，没有及时停车，将我夹在两车中间，造成骨盆粉碎性骨折。躺在病床上，看着哭红了眼睛的妻子，我不停地责问自己：为什么就不能按安全规程作业呢？但千金难买后悔药，一次违章成了千古恨！

时间过去很多年了，我常用自己的教训来警示工友：违章是企业的大敌、是家庭的灾难，为了自己关心的人和关心自己的人，大家千万不要违章。

11. 贪图一时之快搭乘“顺风车”使腿部骨折

我叫黄某，是采煤队的一名计量工。我怎么也没想到，有一天就为了早些下班把自己撂在病床上了，早知道这样，我说什么也不会因贪图一时之快而搭乘“顺风车”下班了。

那年12月16日8时，我在接受了连队工作安排和听取了安全注意事项后前往采煤二队开始计量工作。当采煤二队最后一趟原煤装好准备运至井底车场时，我便挤进小机车驾驶室准备搭“顺风车”下班。小机车驾驶员当即说道：“下去，这样不安全。”但急于下班的我说：“没事，开车吧。”驾驶员没多说便开着小机车往外行驶。由于驾驶室较小，两人乘坐十分拥挤，我的左腿只能伸出驾驶室外。当机车穿越大巷的第一道风门墙时，我感觉左腿一阵剧痛，立即高呼

“停车”，驾驶员立即挂倒挡倒车，但为时已晚，我左腿已被机车和风门墙挤断。驾驶员和押运员找来木材将我的伤腿捆扎好，立即向矿调度室汇报，随后救护队赶到，将我送往医院救治。经诊断，我的左腿股骨骨折。

在事后的事故追查会上，安监部门给我定性为严重违章。当我躺在病床上才想到：自己违章不但受伤并受罚，还连累了工友。我在这里想告诫那些像我一样贪图早下班的朋友：遵章守纪、自主保安、互助保安时刻要放在心上。

12. 一次偷懒违章操作险些丢掉性命

我（文某）是煤矿的一名掘进工，回忆起自己多年前斜坡违章乘矿车险丢命的那一幕，至今仍心有余悸。

那年 3 月的一天中班，我们班组在南三区材料上山上车场施工 6 号层轴部巷，班长安排我和另外两名工友在斜坡从事运输工作。由于我从采煤队调到掘进队才半年，班长出于好心，照顾我到下车场挂钩。当我用还不太熟练的动作挂好了车场仅有的两个空车，便与上车场的绞车司机取得联系，告诉他下车场的空车情况。他在电话里告诉我，并再三嘱咐：千万别违章，等这趟空车提升到位后，听到停车信号再走上去。我犹豫了一会儿，用矿灯照了照 340 米长的斜坡，看看四周无人，迅速发出了开车信号。我把绞车司机的话当成了耳旁风，“嗖”地一下登上了缓缓启动的矿车想偷懒乘车上井。就在我离目的地只有 20 米的距离时，一件意想不到的事情发生了，我安全帽上的矿灯绳在经过挡车栏时被挂住了。只听“砰”的一声，我整个身子失去平衡，接下来便什么都不知道了。不知道过了多久，直到隐隐约约听见有人在大声呼喊我的名字，我才从昏迷中慢慢地苏醒过来。经检查，我除了暂时的昏厥和全身多处软组织挫伤外，并无大碍。事后，我从当班的工友口中得知了当时的险情，我被挡车栏挂住拽下车后，整个人斜躺着，下半身紧靠矿车车轮。如果不是绞车司机经验丰富，听见异常响动及时刹车，后果简直不堪设想。

如今，我虽然走上了另一个工作岗位，不再从事井下工作了，但我要以自己最深刻的教训告诫工友们，远离违章，珍爱生命。

13. 耍小聪明私改离合器控制手把险丧命

我（高某）在煤矿工作已经很多年了，长期在煤矿工作的经验让我养成了事事小心的工作习惯。不过在刚上班的时候，我可不是一个谨慎的人，是一场事故彻底改变了我马虎的工作态度。

那年夏季的那个夜班我永远不会忘记。那天，班前会上班长安排我去 31102 下平巷开绞车。绞车安装在采空区以里 30 米处，此处通风不好，气温特别高，再加上夏季天热，我前一天没有休息好，眼皮直打架。提车的时候由于车速慢、行程长，需要的时间也较长，难免犯困。为了不影响工作，我耍起了小聪明——将离合器控制手把上的定位螺钉由 130 度调整为 180 度，这样一来不用手操作就能自行提车。改完后，我还为自己的小聪明得意了好久。然而，我却没有想到，正是这一错误举动，几乎要了我的命。

提至第 5 钩的时候，我手扶着离合器不知不觉睡着了。在矿车到达装料地点以后，信号工的铃声也没能惊醒我。班长发现情况后大声呼喊，可我当时实在是太困了，根本没有听到，矿车继续前行。就在死神向我步步紧逼的时候，班长从矿车与巷道之间狭窄的空隙里跑出来，冲到了我的跟前，拉起离合，让矿车停止了运行。当我被惊醒后发现，矿车离我已经不到 3 米远了，立刻冒了一身冷汗。多亏班长的迅速反应才让我化险为夷。班长不仅给了我第二次生命，还遏制了一场车毁人亡事故的发生。

事情虽然已经过去多年了，班长已经退休了，但我仍然清楚地记得班长退休前的叮嘱，要我一定按章操作。每每想起这段往事，我都提醒自己一定要处处谨慎，千万不能耍小聪明误了大事。

14. 习惯性违章行为差一点儿酿成大火

我（刘某某）是一名化验工，在一家焦化集团从事检测工作。在检测工作中，做蒸馏实验是我们取样化验中常用的手段。按照操作规程，做完蒸馏实验，应该先关闭热源煤气火，然后再拆除蒸馏装置。我参加工作 5 年来，无论是师傅还是徒弟，做完蒸馏实验后，大家都不关煤气火，因为间隔一小时取一次样，取完样后还要做实验，来回点火很麻烦。为了图省事，大家一般都是做完实验后把煤气火关小点儿就算了。虽然这是典型的习惯性违章行为，但大家都习以为常了，没人觉得有何不妥。可就是因为这种习惯性违章行为，为我日后的工作埋下了一颗“炸弹”，差点儿发生事故。

有一年夏天的一天，取完洗油样后我把支架往煤气火上一放，开始做蒸馏实验。做完实验后，我照例没关煤气火，而是把阀门关小些就开始撤装置。可一不小心手没拿稳支架，致使固定在支架上的蒸馏瓶里面的洗油残液晃动到了瓶口，被煤气火点燃了。瞬时，钻心的灼烫疼痛让我的手本能地松开缩回，只见支架整个儿倾倒在煤气火上，蒸馏瓶被摔了个粉碎，洗油残液立刻被全部引燃，实验台顿时成了一片火海。

此时早已被吓得手足无措的我疾声呼喊：“着火了，快来救火呀……”，我顾不得疼痛，顺手拿起实验台上放着的湿抹布开始灭火。

隔壁的李师傅和同事小李听到喊声后快速跑了进来，小李赶紧关闭了煤气阀门，李师傅抄起门口的灭火器冲向实验台进行扑救。在他俩的协助下，火很快被扑灭了。万幸的是没出什么大问题，因为在实验台的一角还堆放着许多强腐蚀性和易燃易爆的瓶装液体，如果火势再稍微蔓延，后果将不堪设想。

这件事对我和同事们的触动很大。为吸取这次事故教训，从那天开始，化验室要求大家必须严格按“做完蒸馏实验后一定先关火再撤装置”的规定操作。对于我来说，那天的一幕至今让我难以忘怀。每当有新员工来化验室时，我都用自己的亲身经历告诫他们：操作必须按规程一丝不苟地完成，只有这样，才能给自己和他人创造一个安全的工作环境。

15. 违纪喝酒下井作业让他变成残疾人

企业很害怕一种人，那就是见酒如命又见钱不要命的“英雄好汉”。喝多了酒还要去从事开车、登高、下井等工作，容易导致事故的发生。

记得许多年前的一天，正值农历大年初三，某矿掘进五队工人杨某在家与几个朋友喝酒，正在兴头上，突然想起今天自己要加班，下井时间快到了，站起来要离开。朋友说：“老伙计，咱这一年好不容易在一起聚聚喝两杯，我给你打个电话，你不要去了，你不知道喝酒下井违章吗?”杨某双手一抱，笑着说：“不怕诸位见笑，我是酒要喝，班也要加，这一年好不容易才摊上两天加班，下一天井加班费等于平时几个班的工资，而且下井又不干什么活儿，这样天上掉馅饼的事上哪里去找!”

话音刚落，这个身体魁梧的大汉“咚咚”地跑下了楼，乘着酒劲儿，一路小跑来到矿里更衣室。他知道中班交接班快结束了，连忙蹬上胶鞋，戴好安全帽，穿上工作服，手里拖着矿灯往井口跑，见井上罐笼站满了人，不管三七二十一，一头钻了进去。

杨某下了罐笼，为了抢人车座位，大步流星地走在人群前面，一边走，一边还哼着歌。他第一个来到了人车上，往座位上一躺，随着人车晃晃荡荡，很快进入了梦乡。这时他把双腿伸出人车门外，就像在家里床上睡觉一样。只听“哎呀”一声大喊，杨某伸出去的双腿被两根立着的风管撞了一下，当他感觉腿疼想收回来的时候，可再也收不回来了……

杨某很快被送到了井口，马上升井到矿医院接受急救。在医院里，接好了这条腿，又接那条腿。由于多处粉碎性骨折，就算接上了，他也站不起来，只好给他买了个手推轮椅。住了一年半医院，他最终还是成了生活不能自理的残疾人，后半辈子只好与轮椅打交道了……

酒后下井属于违章，杨某不是不知道，妻子、工友也不是不知道，然而悲剧还是发生了。这个教训可谓深刻啊！

16. 永远难忘违章之后父亲的“安全课”

我的父亲是一名退休的老矿工，也是我安全课堂上最重要的一位老师。多年前父亲给我上的一堂“安全课”让我至今难忘。

那时我（宁某某）刚到矿掘进队上班，负责开小绞车。年轻人血气方刚，为了抢速度，我常常不通电放“飞车”，甚至超拉多挂。终于在一次放飞车时，被现场安检员逮了个正着，我被送进了矿上开办的违章人员学习班。这事让父亲知道了，本来我以为脾气暴躁的父亲一定会严厉地批评我，可他却跟以往的行为不同，只是给我讲了他

20 年前遭遇的一次跑车事故。

讲述前，父亲陷入了痛苦的回忆中，父亲痛苦的表情增加了我的好奇心。

那是在我很小的时候，当时父亲在运输队上班，和一位工友王叔叔负责井下的下磨盘运输。长期的共同工作让他们成了好哥们儿，我依稀记得那时王叔叔经常到我家来，家里经常传出他们爽朗的笑声。可后来王叔叔就没有再来了，一提到他父亲就躲到一旁默默地抽烟。

我隐约感觉到父亲将要跟我说的事情跟王叔叔有关。果然，父亲说，事情发生在他生日的那天，父亲和王叔叔为了能早一点儿下班庆祝，就商量用超拉多挂的办法减少矿车提放次数，节省时间。按照规程规定，斜坡每次只允许提放 2 台矿车，但他们这天一次提放矿车多达 4 台。在放第 3 次重载车时钢绳因严重超出牵引标准断裂，4 台载满煤矸石的矿车带着一串儿火花直向父亲和王叔叔撞来，王叔叔因伤势过重当场死亡，而侥幸躲过一劫的父亲，头部也因受到矿车内飞出来矸石的撞击，被诊断为轻微脑震荡。经过治疗，父亲的伤势虽然有所好转，但还是留下了经常头痛和健忘的毛病。

父亲说，违章让他付出了健康的代价，失去好朋友的遗憾更让他终生难以释怀。听了父亲的话，我终于明白了为什么曾经开朗乐观的父亲忽然变得沉默寡言。为了不让悲剧再次发生，不让父亲再经受失去朋友的痛苦，我当时就下决心以后再也不违章蛮干了！

17. 违章乘矿车受伤被罚自酿苦果

杜某是我的好友，在煤矿当一名掘进工。那年 3 月 7 日晚上 10 点多，他妻子打来电话，告诉我杜某受伤了，现在正在医院急救，我急忙赶到医院。在抢救室外，隔着玻璃窗往里看，只见杜某躺在急救床上，脸色苍白，戴着氧气面罩，正在输液。杜某的妻子哭成了泪人儿，一再重复着这句话："我一再叮嘱他在井下要注意安全，想不到还是受伤了。"

我安慰着杜某的妻子，心里也很着急，不知道杜某的伤势怎样，会不会留下残疾……

第二天早上，我再次来到了医院。

"到底是怎么回事？"看着杜某裹满纱布的伤腿，我问道。

"兄弟，我后悔呀！"杜某摇了摇头，向我讲述了他受伤的经过。

原来，3 月 7 日杜某上中班，在井下三区机轨巷打掘进，他负责开耙矸机。工作任务完成后，他和班长一起下班，走到三区进风下山下车场时，斜坡正在放空车，于是，他就在下车场躲身硐向连队汇报当班掘进的进尺情况。空车放至下车场后，他和班长进入斜坡往上走，走至坡口以上 70 米时，往上拉矸石的矿车运行至他们身边。为了省点儿力气，他想违章乘矿车。乘车时由于惯性作用，他的左脚未蹬上大钩，滑至矿车下被矿车轮子轧了。

"班长在现场，没有制止你吗？"听完杜某的讲述，我问道。

"哪里还来得及哟！"杜某呻吟了一声，说道："当时我没跟班长打招呼就开始乘车，班长在一旁根本就来不及制止，只好向下磨盘工晃动矿灯示意停车。等到下磨盘工听见喊声和看见紧急停车灯发出停车信号停车时，我已经被拖了 20 米了！"

杜某由于严重违章，违反了该矿出台的"安全生产十大禁令"，受到了处理：罚款 2 000 元，伤愈后解除劳动合同，同时对其他相关责任人也进行了相应的处罚。作为杜某的好友，我只能说："好朋友，今后多保重，走好自己的路。"

18. 美滋滋违章乘矿车差一点儿送了命

那年，我（雷某某）在煤矿开拓二队打临时工，我的工作就是把料场的水泥、沙子、石子按一定比例掺均掺透，装车，然后再随车到掘进头，站在矿车内向喷浆机卸料，如此循环往复。

记得那一班，我装满车把车推到 15 上山底车场，挂好钩，信号工在信号硐室发出提车信号，车开动起来。信号工站在原地利用一根长绳和一个定滑轮把离底车场 10 米远的上坡处的保险挡板拉起来。车刚上坡，我就一下子踏上车尾巴，手扶矿车沿，身子向下蹲，想乘车上行。我心里美滋滋的，这样就不用步行上坡了。正当我得意的时候，“咚”的一声，就像当头挨了一棒似的，我就失去了知觉。可能也就一两分钟，我醒过来，发现自己仰面躺在道中间。我的第一反应是谁打了我闷棍。可是整个巷道除了我，没有另外的人。我抬头向上看，看到了巷道吊挂的保险挡板，再看我的矿帽，前面有一道被划过的白痕。此时，我不禁倒吸了一口冷气。“妈呀，要不是矿帽，我的小命就没了！”原来，保险挡板提起的高度不够，刚刚超过车沿，矿车能过去，我的脑袋却过不去。如果我不是蹲在车尾巴上，而是直着身子，如果我的头再向上伸一点儿，挡板撞的不是鼻子就是眼睛，我不敢往下想。

实际上，我卸料的地点距坡底也只是 40 米，走路也就 4～5 分钟，为了少走这段路，我违章乘矿车了，这在煤矿属严重违章，我差一点儿把性命丢在那儿。

在以后的工作中，我都按章作业，再也不敢拿生命开玩笑了。在这里，我也奉劝矿工兄弟们，切莫贪图一时的轻快违章作业，以免铸成大错。

19. 着急回家过年违章操作工友丧命

悠悠岁月，光阴荏苒，不知不觉时间过去二十多年了，二十多年前那刻骨铭心、命悬一线的一幕，我仍然忘不了，依旧历历在目。

那时我在煤矿井下采煤。事故发生前一天的夜班，班长安排我、胡某某、王某某、高某某在五煤岩层反眼掘进，放炮工是40多岁的林某。记得当时临近年关，全月任务就剩下最后0.8米的进尺，如果当班顺利完工，第二天就可以提前回家过年了。据上个班交班时反映：五煤岩层反眼还没有到煤层，还需要小心。我们几个人着急干完活儿好早点儿下班，于是在未打排放孔探明煤层位置的情况下，胡某某、王某某二人在工作面急着打孔。按照规程，在这种情况下应该采取安全措施防止发生煤与瓦斯突出事故。可是当时大家都昏头了，把规程抛之脑后。

我和高某某从外面推了两个车皮摆在距挡头100米的位置，一切准备完毕，我俩来到十字路口的另一条只有微小风量的独头（没有退路）巷道里休息，等着放炮出矸石。大概过了两个小时，睡得迷迷糊糊的我们听到站在十字巷路口放哨的胡某某大声喊道："放炮啦!"随着"轰"的一声，我们马上感受到巷道围岩地动山摇，一股强大的气流向我们休息的地方冲来，无数细岩、煤块儿打在身上，把我们从睡梦中惊醒。就在此时，不知谁尖叫了一声："瓦斯突出了，快跑!"慌乱中，我连忙拿起矿灯跟着大家跑，但灰尘的密度实在太大了，矿灯失去了照明的作用，我只好连滚带爬，冲向十字路口逃生。在我前面不远的王某某跑错了巷道，很快被涌出的高浓度瓦斯熏倒。当我冲到十字巷路口时，一只手无意中摸到拐角处的一根光滑的大木头。这根木头我太熟悉了，每天推车皮进去途经此地时，都需要它借力推动车皮。我在粉尘的包围中准确地判断出自己所在的位置，迅速朝正确巷道支线冲去，终于离开了险地。跑到井下调度室打电话求救时，上面的调度员一个劲儿地让我说慢点儿、讲清楚，可我的上下牙齿却在不停地颤抖，连话也讲不清楚。

半个小时后，唯一从工作面跑出来及时报信的我，再次回到出事地点，与救护队员一道救助工友。那时，煤与瓦斯突出把巷道内的风管、电缆、风筒打得乱七八糟，几台大功率风机也被刮走了好远，几千吨煤炭把十字巷路口堵塞得只剩下一个洞口。胡某某被强大的瓦斯突出气流击倒后，在脱节的风筒中窒息而亡。剩下的几位工友被瓦斯熏倒后，被救护队员及时抢救生还。

20. 一声惊心炮响差点儿把命送掉

多年前我在煤矿一号井掘进一队上班。有一天上夜班，段里安排我在距工作面后面 10 米处放炮做一个泵窝子。当时放炮工是一位姓王的工人，平时他工作认真、仔细，那天却是无精打采。以往他在放炮前总是要大喊三声，那天他却一声也没喊。他自认为几分钟就把炮放完了，不会有什么意外，可随着炮声，就听“妈呀”一声喊，原来是有人被崩伤了。

当时在我们段有一个外号叫“大个子”的副段长，那天跟班和工人一起入井。他在下井前和朋友喝了酒，到工作面后忙了一阵儿，酒劲儿上来就靠着巷帮迷迷糊糊睡着了，工人们谁也没发现他，结果炮响了，他被崩得满脸是血。事后他在医院住了好几个月，痊愈后脸像粘上了许多黑芝麻一样。当时多亏了是全煤巷道，如果是全岩的工作面，“大个子”副段长就会当场没命。

这起事故的教训是深刻的，放炮前必须安排人进行警戒，放炮工在放炮前必须大喊三声“放炮啦……”然后才可以放炮。煤矿安全规程规定：员工入井前严禁喝酒，保持头脑清醒，而这位副段长入井前违反了安全规程的有关规定，差点儿把命送掉。煤矿工人要时刻警醒自己，一定要遵守煤矿安全规程，千万不要存在侥幸心理违章蛮干，安全生产是事关自己生命的大事，差一点儿也不行啊！

21. 违规作业我的脚滑入高速运转的运输机

我（罗某）是一名采煤工人。那年 4 月 15 日，是我因违反规定而付出沉重代价的一天。时至今日，我的伤腿一旦遇到天气变化，还不断地经受着伤痛的折磨。唉！真是悔不当初哟！

那天中班，我们班定下了“保 4 争 5”（保证完成 4 刀，力争 5 刀）的目标任务。在排班时，班长要求各岗位要密切配合，避免生产环节脱节，对此，全班员工积极响应。我的工作是负责工作面进风和回风两巷顶板的超前支护。作为班里的骨干，我心里清楚自己工作岗位的重要性。每当工作面割了一刀煤后，刮板运输机就要向前推移，而我就必须及时用单体支柱将运输机的尾部打好压柱，以保证割煤时刮板运输机的正常运转。按照措施规定，为了安全起见，在打机尾部压柱时，必须停止割煤。但我为了不耽误出煤时间，打机尾压柱时让割煤机司机继续割煤。在刮板运输机载着滚滚煤炭快速运转的过程中，我熟练地用单体支柱将机尾部后山面的压柱打好。当我抱着一根大约 80 千克的单体支柱站在刮板运输机上，正准备打煤壁面的压柱时，机尾部突然翘立起来，我的脚一下子就滑入了高速运转的刮板运输机里，右脚和小腿当即被卡在刮板下，造成严重骨折。如果不是工友及时停机，后果不堪设想。

在我住进矿工医院的那段时间里，爱人看到我痛苦的样子，天天以泪洗面，人也消瘦了。我那刚满三岁的女儿看到我打着石膏、拉着牵引的伤腿时，用稚嫩的语气问道："妈妈，爸爸的脚怎么了？"那个时候，承受着剧痛的我多想向她们母女歉疚地说上一声：我好后悔哟，这都是违规所付出的代价啊！

在这里，我诚恳地奉劝工友们，在任何时候都别忘了把安全二字牢记在心间。因为，你的安全就是家人最大的幸福！

22. 违章回柱酿成大祸

我叫黄某某，在煤矿担任掘五队副队长。从事采掘工作约 20 年，虽然平安过来了，但也看到和经历过一些险情。我发现每次险情背后都存在或大或小的违章。我刚参加工作后不久发生在身边的一次事故，至今想起仍心有余悸。

那年 6 月 30 日夜班，我们班在队长的带领下，来到 1281 工作面，当班任务是初次放顶。我和另外两名工友负责拖放顶用的竹帘，队长和班长在回风巷装绞车打压顶，副班长罗某在吊挂挡矸帘。当我们第二趟拖来材料时，发现有的工人性急，在绞车还未装好时就挥动斧子回了两根木柱。队长大喊："别急，绞车马上就装好。"那名工人说："队长，没事，我会注意的。"接着又举起斧子敲了第三根木柱。这时，顶板发出"嘎嘎"的响声，突然"啪"的一声，顶煤如开了闸的洪水般朝那名工人扑来，罗某和我一同急速退到了下出口，吓得冷汗直冒，而那名工人却被埋在煤堆里面大叫"救命啊……"，凄凉的声音由大变小、由长变短。

队长马上向调度室汇报情况，救护队和矿领导急速地赶来了，随后局领导也赶到了现场。抢救行动在紧张有序地进行，2 小时过去了，煤堆里还不时发出哀号声。这时，上早班的人来了，也投入了抢救之中。直到中班，仍然没有将被煤压住的工人抢救出来，煤堆里断续的哀号声也停止了。

那名工人永远地走了。无论妻子和两个可爱的小女儿怎样哭喊也无济于事，一个幸福的家庭就这样被毁了。这次事故值得我们深刻反思：假如这位工人平时注重安全学习，提高安全意识，假如他不急于去违章作业，而是等绞车装好了，再用机械装置回柱，假如有人强硬制止这种不安全行为，就不会发生这样的悲剧。今天我给大家讲述这个悲剧，就是要提醒广大矿工兄弟，在井下一定要按章作业，不能急功近利，杜绝不安全行为的发生，珍爱生命，关注安全，关爱他人，爱护家庭。

23. 违章抢修造成一片火海

我叫梁某某，是轧钢厂机械车间流体班的班长。3 年前的一次违章抢修，让我至今追悔不已。我总把自己的这次历险当作反面教材教育大家，经常跟人们念叨这事儿。

那年 1 月 23 日，距春节还有不到 1 周的时间，我在班前会上布置完当日检修任务，又特意嘱咐大家要收收心，年前千万不能出问题。开完会，我便和同事小张一起去更换集卷工位的 3 个摆臂液压缸。

经过技术改造，我们更换 1 个摆臂液压缸的时间由原来的 70 分钟缩短到 30 分钟，而当天的日修时间正好是 90 分钟，为了能让班组成员过一个安稳的佳节，我决定利用这 90 分钟更换完 3 个摆臂液压缸。活儿干得挺顺当，大家争分夺秒地完成任务，没来得及对油管接头进行紧固确认，没想到，这一疏忽为事故的发生埋下了隐患。

大家刚撤离检修平台，红热的盘圈便传到了集卷工位。生产顺利进行了约 20 分钟，突然接到调度室发来的紧急通知：“摆臂液压缸漏油严重，马上到现场处理。”我带领班组成员马上赶到现场，发现摆臂液压缸接头处正在漏油。此时生产仍在进行，生产线上的钢件正在传输，集卷站的液压泵组也还在运行。我正要跑去停泵拉闸，当班班长告诉我说“阀门已关闭，快去处理漏油吧”，我便带领小张和小李，返身登上集卷站的楼梯，爬上检修平台。小张刚拆卸掉油管接头，高压油便呈雾状喷出。我不由心里一惊，“不好，肯定是关错阀门了！”赶快让人去停泵关阀门。与此同时，红热的高温盘圈在集卷筒内下落，接触到雾状的高压油，集卷筒下瞬间变成一片火海。我和小张、小李匆忙窜出火海，连滚带爬地下了楼梯，3 人的脸部、背部、手部均有不同程度的烧伤。那一年的春节，我们是在医院里度过的，因为我们的受伤，三家人都没过好年。

事情已经过去多年，可每当路过集卷工位，想起那可怕的一幕，我仍不由心惊胆战。如果我当时安排任务时间不赶得那么紧，如果我能事先确认阀门是否关闭到位，如果我不违章抢修，就不会有这起恶性事故的发生。在这里我要告诫大家，生产中决不能违章冒险，因为生命只有一次，我们一定要好好珍惜，千万不能拿自己的生命开玩笑。

24. 一次违章事故使我脑袋鲜血直流

时间过得真快，不知不觉间，自己当矿工已经十多年了。十多年的井下工作，遇到过好几次侥幸事故，现在总结一下原因，每一次都是由于违章作业造成的。记忆最深刻的还是那年发生的那一次事故，那时，我还在矿机电二队从事开皮带机的工作。

那天，班长安排我去清皮带机巷里的淤煤，当班是生产班，皮带机一直在运转着。我把皮带机巷左边的淤煤清净后，就想去清皮带机巷右边的淤煤。可等了老半天，皮带机就没有停的意思。皮带机巷中的过桥离这儿有 300 米远，我又不想爬这么远的上坡，性急的我突然想到，离我清煤处不远有一个报废的给煤机，以前，我见过我们队的一些工人抓着给煤机嘴翻越皮带机，我为什么不翻过去呢？于是我便跑到给煤机处，两手抓着给煤机嘴，也想和别人一样纵身跃到皮带机那边去。可就在我纵身的一刹那，就听“咣当”一声，整个给煤机嘴和我一起掉到了高速运转的皮带机上。当时，我顾不得害怕，急忙从皮带机上蹦了下来，落地时头部狠狠地撞在了巷道的壁帮上，鲜血立即顺着额头流了下来。我慌忙找到班长，向他讲述了事情的经过。班长看了看我的伤口，好在只是开了一个小口子，并无大碍。但他还是狠狠地批评了我，他说，再往高处走 300 米，就有一个过桥，你为什么不从那儿过？干活儿不要老想着图省事、走捷径，这回幸亏你掉在了上皮带上，还能蹦下来，要是掉在了底皮带上，你的小命不就完了吗？

班长的话，让我惊出了一身冷汗，是啊，要是掉在了底皮带上，那么低矮的空间，我是怎么也蹦不下来的，我的小命可就真的没了。这件事虽然过去十多年了，但直到现在想起来，我还是心有余悸。那次事故以后，我是真的感觉到了违章的可怕了。

25. 赶进度违章作业让我险些丢命

那年 4 月的一个中班，我（卢某某）和本班的 11 名工友一起在煤矿 4213 运输巷施工，当时现场条件差，顶板压力非常大，矿要求我们必须严格按规程施工，确保安全生产。但是当时我们急于赶进度，图省事，怀着侥幸心理违章将两架棚在一个循环内同时掘出，造成空顶距离大。当我们正在打锚杆时，掘进机司机发现顶板开始下沉，便立即喊“赶快打点柱！”其他职工手忙脚乱不敢靠前，我就和掘进机司机一起立即支起点柱，但是已经来不及了，迎头随即冒落下来，将我和掘进机司机堵在迎头里。幸亏我俩都是井下作业约 20 年的老矿工，经历过不少冒顶事故，才没有慌乱。待到顶板稳定后，我俩看到掘进机和刚立起的点柱之间有一点缝隙，慢慢地从里面爬了出来。

如今十几年过去了，我想到当时的情景心里仍十分害怕。如果当时我们能够严格按照规程作业，也就不会发生这样的事故了，毕竟不是每次违章都会那么幸运。

26. 一次违章放炮险些出事彻底警醒我

我（刘某某）干采掘工作近 20 年了。前 10 年没有太多的安全学习，也没有强烈的安全意识，认为只要有力气就能多赚钱。直到一次违章放炮，险些出事，才使我彻底警醒过来：安全学习不能马虎，生产中必须按章作业。

那年 6 月 18 日中班，我们在班长的带领下，来到 118 采区三石门掘进工作面。班长带领工友打好炮孔、装好药、连好线后，我负责放炮。当我悬挂放炮母线时，发现放炮母线不足 50 米长。虽然不知道作业规程要求放炮母线要多长，但还是知道这次放炮母线不符合要求，应该加长。可考虑到加长放炮母线还要去问班长，还要到地面库房领线，多麻烦！为了图省事，我便私自做主，既没有加长放炮母线，又没有布置岗哨和要求瓦斯检查员到掘进头检查瓦斯。班长虽然有点儿担心，但也没有强行制止。就这样，我草草地扭动了放炮器开关。一声巨响，我和站在旁边的一位工友立刻被冲击波震昏倒在地上。如果当时放炮母线再短几米，我俩可能就会受重伤甚至死亡。

出班后，我们班被矿安监站长“请”进了培训室，告知我们的行为严重违反了放炮工操作规程中的“一炮三检”和“三人连锁放炮”制度，属于严重违章行为。从此以后，我对安全学习非常重视，每次学习都善始善终。自那次历险后，我的安全意识增强了，在工作中严格按章作业，所以，近5年来，我连一块皮都没被擦伤过。

27. 我的老公与事故“擦了个边”

我（马某某）的老公是一名井下溜子司机。2014年11月的一天，老公下班回来，我热情地迎了上去，他却长叹了口气说：“今天把溜煤眼给堵住了，我差点儿丢了命！”“到底发生了什么？”我追问道。他说：“上班开溜子时，溜子拉出来一大块煤，按作业要求应该停下溜子，将大煤块儿搬下溜子破碎后再装上溜子。我估计煤块儿能过去，就偷了个懒，没有照例去做，结果煤块儿卡住了漏斗口。我急忙给皮带机头发了信号，要求停机。皮带机停下后，按要求此时首先应该打电话通知皮带机头司机，告诉停车原因，防止机尾发信号皮带机再次启动，然后才能处理问题。我当时考虑，电话还在百米以外，爬上坡去打电话费时费力，凭工作经验，有几分钟我足以把漏斗口捅开。想到这里，我迅速爬上皮带机，用手搬那块煤，吃力地搬了几次，煤块儿仍纹丝不动。当时，也没有顺手的工具，我找了半截废锚杆，继续使劲儿捅那块煤。费了好大劲儿，煤块儿终于被捅了下来，这时皮带机突然启动，由于惯性，我被重重甩撞在皮带机下。我被吓傻了，瘫坐在地上，半天才回过神儿来，幸好被甩了下来，没被捅下的煤块儿挤着，不然命就没了！”听老公说到这儿，我的眼睛湿润了。“老公！你怎么这样糊涂，按章作业的重要性你忘了？”

这次老公没有按章作业，与事故“擦了个边”，但使他吸取了一次深刻的教训，终生难忘，促使他在今后的工作中杜绝违章，踏实做好安全生产工作。

28. 偷懒违章操作，生日险些变祭日

我叫王某，是煤矿的一名采煤工。在我 29 岁生日那天发生的那一幕，让我今生难以忘记，因为偷懒违章操作，险些让自己的生日变成祭日，至今想起仍心有余悸。

那年 3 月 4 日，我在采煤四队打杂班上早班，是副班长。当班我们被安排在北 1812 运输巷负责运输工作，把工作面回收出来的钢梁运到 350 大巷。那天正好是我 29 岁生日。我决定下了早班邀请全班同事和我一起庆祝生日。可我们到了工作面钢梁堆积处一看，地面鼓起使运输巷的轨道变形偏移，运输矿车只能到达离钢梁堆积处 20 米处。我心想：如果把钢梁一根根用人工抬 20 米，不知道要什么时候才能下班。想到家里办好的酒席等我回去，于是我建议用皮带机代替人抬运输钢梁。当时班组员工有人提出反对意见，说安全规程严格规定在井下不能用皮带机运输钢梁，这是严重违章行为。我说："只要没有人查岗就行。"可能是看在我过生日的份儿上，他就没有再坚持反对。于是，几名工友下去把钢梁搬上皮带机，其余工友在皮带机出口下钢梁，我自己则负责开运输皮带机。眼看钢梁一根根运到目的地，我心花怒放。暗想：还是自己聪明，这样干既省力又快。突然，由于皮带机托辊严重抖动，一根钢梁伸出皮带机外，直直地向我撞来。我后面是煤帮，无处可躲。慌乱中我按下了停止按钮，并快速地把头转开。钢梁刚好打在我的右手臂上，我感觉自己全身被巨大的疼痛包围，右手臂没有了知觉。还好我在最后时刻按下了停止按钮，不然钢梁会无情地穿透我的身体，我将必死无疑。这次事故造成了我右手臂粉碎性骨折，疼痛伴随了我半年。伤愈后，我的右手不像以往那样有力，只能做一些简单的事情。我后悔自己的违章蛮干带来的恶果，使自己的生日险些变成祭日。

29. 结婚前我破了相，再也不敢照镜子

我叫邓某，是煤矿一名掘进工。一向喜欢照镜子自我欣赏的我，自从那次事故后，我就不再照镜子。因为我那原本帅气的脸，被自己的违章操作给毁了，但我随时都将镜子揣在身上，以警醒自己。

那年 5 月，就在我结婚前的一周，说好下班与未婚妻一起选婚纱。可能是被喜悦冲昏了头脑，也可能是太想见到未婚妻，当天早班排班时，队长反复重申入井安全事项，我却一个字都没听进去，一直在想选婚纱的事。我和工友一到碛头，就摆开架势准备施工，见工友正准备“敲帮问顶”，我便劝说工友：“兄弟，不用敲，不会出问题的，我们早做完早收工，我好早点儿下班陪老婆选婚纱……”工友在我的再三请求和劝说下，放弃了“敲帮问顶”工作，但他仍不放心，不时抬头观望顶板。正当我干了一阵儿想休息时，只听工友大叫“小心顶板”。我边退后边抬头，一块矸石落了下来，我眼前一黑昏了过去。等我醒来时已在医院。医生说幸好我躲让及时，矸石未直接击中头部，只是一块小矸石打断了鼻梁，脸上有些小伤。

从此，妻子要求我随身带上镜子，每当我想违章操作时，就摸摸镜子，警醒自己。从那以后，我原本白净的脸上到处是清除不掉的小黑点，工友们都戏称我“邓麻子”。每当我有想违章蛮干的念头时，我总会摸摸怀里的镜子。

30. 20 岁那年我因违章失去一条腿

我叫聂某，受伤前是煤矿井口一名磨盘工。当时工作挺轻松，业余时间我迷上了打麻将。当时矿区流行一种叫“血战到底”的打法，吸引了许多年轻人参与。

那年 1 月 14 日夜班，我到队上排了班，班长说大概要晚上 11 点才有矸石车出井，我暗自高兴，悄悄溜到麻将馆，又玩起了刺激的“血战到底”。到11点赶到井口上班时，我赢了800多元，高兴得不得了。

凌晨4点刚过，井下打电话说只有最后一趟矸石了。我想下了班还有时间再去打几把麻将，就招呼工友快点儿干，自己带头跑到轨道边等着。看到3台矸石车刚一出井，离停车位还有五六十米远，我就跑上去摘跑扣（属于严重违章行为）。由于矸石车速度很快，刚摘下一根销子，我就连人带销子被撞倒在轨道旁，两台矸石车从我左腿上碾过，我当时就昏迷了。

当工友把我送到医院时，我的左腿只有一点儿皮连着了，骨头被碾得粉碎，医生只得对我施行了截肢手术。这件事虽然已经过去多年了，但自己因为违章而失去左腿的那一幕却一直深深地印在脑海里。那一年我才20岁！

31. 违章操作结果被打掉了10颗牙

我叫张某，是煤矿的一名采煤工。7年前，我因在工作面机头违章使用大钩回柱，结果被拉滑脱的大钩反弹回来打掉了10颗牙。年纪轻轻突然之间就变成了“缺牙佬”，直到现在，我也忘不了那触目惊心的一幕……

那年7月8日夜班，班长安排我和两名工友在S1717工作面机头回柱。工作一开始很顺利，眼看着一根根单体支柱被我们回出来，我心花怒放。当回到最后一根支柱时，由于单体支柱被矸石埋住，专用回柱用具很不好使用。按照规定，我该把矸石掏尽，再使用专用回柱工具拉柱。但掏矸石费力又耗时间，为了早点儿下班，我不听工友的劝阻，把操作规程甩在脑后，自己找来大钩挂在支柱把手上，连好回柱绞车钢绳，开动绞车回柱。就在支柱快被拉出来时，只听“砰”的一声，大钩滑脱反弹在我嘴上，钻心的疼痛让我差点儿昏过去，一张口，浓浓的血夹杂着脱落的牙齿流了出来。工友急忙把我送到医院。经过抢救，保住了吃饭的嘴，却丢掉了嚼饭的10颗牙。

事故发生后，我由于违章被罚款，生活因为缺了牙齿受到很大的影响。很多好心人给我介绍女朋友，女方都因为我缺牙而分手。现在，我常常把这段悲惨的故事讲给工友听，希望他们吸取我的教训，按章作业，确保自己的安全。

32. 班中喝酒，迷迷糊糊从高台上摔了下去

我叫刘某，是化工公司的一名职工。我这个人爱喝酒，而且每次喝半斤都不醉。尽管如此，妻子再三叮嘱我还是严格控制喝酒，平日里喝酒过量易伤身体，班前、班中喝酒不仅违纪，还如同汽油浇在身上，随时会“引火自焚”。我知道这是妻子对我的爱，我也明白其中的道理。但人往往在失去理智与自控力时，什么样的傻事都干得出来。这不幸的事，终究还是被我妻子言中了，我在一次上班中因外出喝酒，栽了个大跟头。

那年5月25日，我上夜班，约19时25分左右，因缺料暂停生产，于是我便对班长老孙说：“今天这个班可能不会有事了，我请你到厂外餐馆吃一顿怎么样？”老孙说：“你是不是又犯酒瘾了？”“不是，我们这不是还没有吃晚饭么。”“怎么出得了大门呢？”“这个不用你操心，我自有妙计。”我本来与门卫当班值班员就是熟人，顺带编了个谎话，就蒙混过关了。原本到餐馆只是打算吃顿饭便径直回岗，哪知踏进那家餐馆一股酒的醇香扑鼻而来，让我垂涎欲滴。不一会儿，可口的饭菜摆上了桌，肚子也饿得咕咕叫，但我却没有一点儿

食欲。于是，我提议："我们还是来点儿老白干儿（白酒）吧！"同去的老孙虽然也有喝酒的嗜好，但自控能力却比我要强好多倍。同在一个班五六年了，也未见他上班喝过一次酒。经我再三请求，老孙总算应允。原本说好了"仅此一杯"，可我却变着招数，硬是让他陪我将一斤多白酒喝到了肚里，直到约22时方才返回自己的岗位。老孙回到岗位便酣睡起来，而我返回岗位后，见岗位还是无事可干，我便趁着酒兴到原料岗位找人聊天儿。因酒后四肢乏力、意识模糊，想在原料岗位吊料专用活动门靠一靠，没想到吊料专用活动门门轴损坏，当我一靠上活动门时，就从4米高台上摔下来，造成右腿部严重骨折的事故。

在这次事故中，我不仅误工长达3个月之久，还连累了父母妻儿。不仅如此，相关人员都受到了严肃处理：一是我因班中外出喝酒，属严重违章违纪行为，个人承担50%的医药费，予以辞退留用3个月，留用期内只发工资的70%；二是老孙身为班长，不仅没有制止成员的违章违纪行为，反而参与其中，其行为属严重失职和违章违纪，处以500元罚款，撤销班长职务；三是门卫值班人员不履行职责，未见出门证明随意放行，予以辞退留用3个月，留用期内只发工资的80%；四是值班长放松劳动纪律管理，对当班职工未经请假离岗长达2小时未能及时发现，处以300元罚款，撤销值班长职务；五是白班与中班所埋下的隐患（白班对原料岗位活动门门轴损坏没有及时修复，中班也没有采取任何防范措施）整改不及时，对事故负有不可推卸的责任，决定对白班和中班班长分别处以300元罚款；六是车间只顾生产放松安全管理，应承担安全管理责任，对车间主任、主管安全生产的副主任、安全员分别处以800元、500元、300元罚款；七是否决厂里当月全员安全奖。

这起事故之后，我不仅滴酒不沾，还常常告诫自己一定做一名遵章守纪的职工。

班组安全分析

1. 负重过河的毛驴的故事

一头毛驴驮盐渡河，在河里滑了一跤，跌在水里，盐溶化了。毛驴站起来时感到身体轻松了许多，以为获得了经验。后来有一回，它驮了棉花，走到河边的时候，便故意倒在了水里。可是棉花吸收了水变重了，驴子站不起来了，最后被淹死了。

安全生产切莫迷信某些“经验”。

驴子为何死于非命？因为它过分依赖“经验”，而不知这些通过“偶然”机会得来的经验并不可靠。联想到生产过程中，有的员工不按照安全规程来操作，喜欢违章冒险，发现从某种程度上简化了工作程序，降低了劳动强度。由此，这些员工便错误地把这些违章操作奉为宝贵“经验”，并自得其乐。

海恩法则指出：每一起严重事故的背后，必然有29起轻微事故、300起未遂先兆以及1 000起事故隐患。法则强调两点：一是事故的发生是量积累的结果；二是再好的技术，再完美的规章，在实际操作层面也无法取代人自身的素质和责任心。员工在违章操作中，可能一次两次没事，十次百次也没事，但聪明终被聪明误，在特定的生产条件下，当再次施展这些小聪明时，很可能“经验”就会变“事故”。

要知道，安全操作的规章制度是经验的总结，是凝结了许许多多事故的沉痛教训。安全其实是没有捷径的，只有把安全规章制度牢记心中，不折不扣地遵守执行，才是确保自身安全和生产安全之道，如果不能及时纠正错误思想而我行我素，结果只能像毛驴一样死于“经验”。

2. 遵章守纪保安全的故事

德国人对工作的严谨、仔细，在世界上是出了名的。20 世纪 80 年代，某矿更换副井提升装载设备，由于部分设备是从德国进口的，于是请来一名德国工程师现场指导，由此也让该矿习惯了违章违纪的矿工开了眼。

那天，德国工程师在更衣室换工作服时，脱掉外衣，摘掉手表，对自己穿在里面的内衣东摸摸西拍拍。换上工作服后，又做着同样的动作，还使劲儿拽拽扣子、拉拉安全帽上的矿灯、系牢腰上的矿灯盒。刚开始，人们还以为他掉了东西在寻找，后来经过翻译的解释和他的后续动作，人们才知道他这是在做上岗前的安全准备工作。他的严谨和仔细，反映出专业的素质，绝非有意夸张。

在煤矿工作过的人都知道，在深度达四五百米的矿井作业，不小心掉下去一样东西，哪怕是一粒纽扣，都可能导致井筒里作业的矿工伤亡。这样的事故曾经发生过：一位年轻的技术员到正在挖掘的竖井井口上班，插在上衣口袋里的钢笔在他弯腰时不慎掉了出来，钢笔掉在木板井盖上弹了起来，竟然从木板上一个不引人注意的洞里掉了下去。这支钢笔像一颗子弹，穿透了正在井筒内工作的一位矿工的安全帽和头颅，导致该矿工不幸死亡。

安全生产无小事，应当从遵章守纪做起，从细节做起，预防为主，防微杜渐，这样才能有效保证安全。

3. 对引发员工违章违纪五个因素的分析

在不同的行业、不同的企业，总是存在着相似的违章违纪问题，如当班睡觉、迟到、早退、简化作业、违章蛮干等。这些看似平常的小问题，则是事故的罪魁祸首，因违章违纪导致的事故屡见不鲜。

造成违章违纪现象屡禁不止、时有发生的原因是多方面的，主要有以下五个方面：

一是心里存在抵触情绪。一些员工思想上有一种内在的消极抵触情绪，特别是部分年轻员工对本职工作没兴趣，时刻想着跳槽。另外，性格内向的员工，总觉得自己干得不错却得不到班组长的认可，经常被挑毛病，久而久之就产生了逆反心理，认为工作干得再好也没用。有的员工则存在侥幸心理，认为违章作业被抓住了算自己倒霉，抓不住算幸运。再就是在一个工作岗位干得太久了，思想上不知不觉就会产生一种厌烦感，对工作好坏不太在乎。这些心理上的障碍，是形成抵触情绪导致违章违纪的主要因素。

二是业务、技能水平低。导致员工业务、技能水平低的原因有主观和客观两个方面。其主观方面主要是对本职工作的业务知识不感兴趣，学习技术的动力不足，有的满足工作现状，不思进取，有的学习只是应付考试，会考不会干，有的把参加培训当作一次休息的机会，培训中不认真听讲，考试靠作弊等。客观方面主要表现在企业培训不到位、不及时，从而造成员工对规章制度不理解、不掌握，岗位技能不高、应变能力不强、不按标准化进行作业。

三是工作自控能力差。主要反映在安全生产意识淡化，缺乏工作责任心，工作中白天和黑夜不一样、平时和检查不一样、有人监督和没人监督不一样等。在长期的工作中，就形成了一种自由散漫的不良习性，工作中怕吃苦、怕担风险和责任。

四是管理考核松。在班组日常考核中，有时不能一碗水端平，处理上对人不对事，考核不透明，分配上体现不出奖勤罚懒、多劳多得。有的考核制度不公平、不合理，使员工产生抵触情绪。

五是情感沟通少。有些生产班组在员工管理教育上采取以罚代教、以罚代管的办法。许多班组长动辄以经济责任制对违章违纪或事故责任人进行经济处罚，而缺少动之以情、晓之以理的说服教育，更不会从深层次帮助员工查找原因和症结，难以真正达到吸取教训的目的。这种缺乏人性化的考核和教育，只会使被管理者产生心理障碍和情绪对抗。

班组话题讨论

话题讨论之一

杜邦公司深圳工厂为什么连续多年无事故?

杜邦公司是一家有着200多年历史的全球知名化工企业，在全世界70个国家建有生产工厂，在中国深圳也建有生产工厂。杜邦公司深圳工厂有约500名员工，自建厂以来连续14年无工伤事故，始终保持着安全生产的纪录。这个纪录在杜邦公司并不罕见，但是对于其他一些企业来讲，就不禁让人啧啧称奇。

杜邦公司的安全管理方式方法，无疑是非常值得学习的。我们来看他们的一些具体做法。

(1) 客人来访被告知逃生路线

该厂厂长见到访客，第一件事就是先向来访人员说明安全须知和紧急逃生路线，并称这是他们待客的第一道程序。他告诉大家："我们正式会议的第一项议程往往是介绍安全。杜邦公司的年会一般都在酒店召开，主持人上台说的第一件事情，是大家所在厅的紧急出口位置。"

(2) 新员工入厂安全考试必须100分

杜邦公司十分重视安全培训，其中急救员培训就是让员工了解，如果身边有人发生中暑、触电意外，第一时间该如何应对。杜邦公司规定：所有新入厂的员工都要在接受安全培训后参加以书面形式进行的安全考试，满分为100分。如果考试不够100分，要继续培训之后再考，直到得到满分为止。

(3) 上下楼梯请用扶手

进入该厂，一路上可以看到各种安全标识牌："上下楼梯请用扶手""卷闸门前请勿停留""厂区内请勿奔跑"等，这种安全规定可能让你觉得烦琐，可回头一想：我怎么没有注意这个问题呢？或许这就是杜邦公司安全制胜的法宝。

(4) 建议掉了东西之后尽量蹲下身子去捡

杜邦公司有一些不成文的规定，比如开车时一定要系好安全带、不弯腰捡东西等。杜邦公司的每一辆车的每一个座位都有安全带，只要车上有一个人没有系好安全带，司机就不会开车。进门之前先敲门的规定不但表示礼貌，也是为了防止突然开门撞伤站在门后的人。之所以建议掉了东西之后尽量蹲下身子去捡，因为这样能防止员工弯腰过度对脊椎造成伤害。

现在需要讨论的话题是：

杜邦公司的安全做法是不是值得效仿学习？如此多的安全规定你能忍受吗？如果上下楼梯你会遵守"上下楼梯请用扶手"的建议吗？

话题讨论之二

你知道习惯性违章的"屈服极限"是多少吗？

在实际安全管理中，最困难的是纠正职工违章操作的坏习惯。什么叫习惯？习惯是一种行为长时间重复而形成的惯性。习惯和金属一样具有"弹性"——检查时就正常，不查时就违章。这是每一个安全管理人员都会遇到的难题。

要想把一根弯曲的钢筋拉直，必须给它施加一个拉力，而这个力度必须超过其弹性限度，也就是达到其"屈服极限"，才能彻底将钢筋拉直而不再反弹。由此使我们想到：习惯性违章的"屈服极限"是什么呢？我们需要给它施加一个多么大的力度呢？

习惯既然是一种行为长时间重复而形成的惯性，那么，我们为什么不能把正确的操作行为经过长时间的重复也形成惯性呢？经过多长时间的重复才能形成良好的习惯呢？调查研究表明：一个良好习惯的形成需要重复78天以上。比如晨练，不少人就养不成习惯，而养成晨练习惯的人，一天不练就觉得不舒服。要养成晨练的习惯需要坚持78天以上。

现在需要讨论的话题是：

根据你的生活经历，你认为78天的习惯“屈服极限”是否存在？你在生产和工作中，是否遇到过类似“屈服极限”的事情（如戒烟、戒酒等）？如果你工作中存在着习惯性违章现象，你是否准备进行“屈服极限”的试验？

二、安全来自警惕，事故出于麻痹

——麻痹大意引发事故的亲身经历与教训

安全警句

宁可千日慎重，不可一时大意。

事事注意安全，处处防止事故。

安全是生命，冒险是拼命。

违章的话不能听，冒险的活儿不能干。

上班不是逛公园，防护用品穿戴全。

安全一枝“花”，全靠“稳”当家。

简化作业省一时，投机取巧苦一世。

保安全千日不足，出事故一日有余。

苍蝇不叮无缝的蛋，事故专找大意的人。

粗心大意是事故的温床，马虎麻痹是航道的暗礁。

33. 疏忽大意落下右脚时常发麻的病根儿

在家清闲无事的时候，便要妻子给我（罗某某）搓搓发麻的右脚背，每当此时妻子便会一边给我搓脚，一边不停地唠叨："我看你做事还这么粗心不？我看你做事还这么大意不？要是有一天弄出个人命关天的事，我该怎么办？"而我却在她善意的责怪声中，陷入了沉思……

几年前的一天上午，厂里组织工人义务劳动，清理渣浆池内囤积的灰渣。如不及时清除灰渣，将会影响渣浆池蓄水量，容易导致渣浆池满水现象而影响生产。我通知完参加劳动的人员后，提前带头拿着工具来到渣浆池边，独自一个人先下到池里，用铁棍不断地捅着灰渣。由于囤积的灰渣板结，难以敲碎，于是我就加大力气，不停地使劲儿敲，不断地使劲儿捅，却疏忽了正在工作运行的一台渣浆泵。忽然，我的右脚被一股强大的吸力吸了过去。此时我才明白，这是正在运行的渣浆泵将我的脚吸住了。我使劲儿想抽回我的脚，可怎么也抽不动，只好借助另一只脚的力量，将自己的身体支撑着，并不停地想办法抽出右脚，可怎么也抽不出来。渐渐地，被吸在渣管口上的脚越来越痛，心里也越来越急，全身直冒汗，心想：这下完了，如果拔不出脚，脚就会堵塞渣管影响泵的抽水量，水位也会逐渐上涨，随之我将被淹没在池中。越想越怕，越想越着急。尽管我在拼命地挣扎，可是无济于事，于是我就不停地嘶喊着"救命啊，救命……"，可是喊天天不应，叫地地不灵。

过了好一会儿，突然有个人影在我眼前晃动，猛地一看是渣浆泵值班员。我竭尽全力冲着他不停地呼喊："快点儿救命！快点儿救命！我的脚被吸在管口拔不出来了。"他听到呼喊后，往渣浆池里一看，见我在求救，慌得不知所措，只是不停地在渣浆池栏杆边来回跑动。接着，我又急促地大声嘶喊："快去停泵！快去停泵！我不行啦！"他这才缓过神儿来，立即飞奔值班室。过了一会儿，渣浆泵终于停下来了，我这才松了一口气。等我拔出右脚一看，整个右脚红通通的，脚背的血管胀得快要爆裂了，脚背肿得像个包子似的。从此之后我就落下了右脚时常发麻的病根儿。

事后我常想，倘若那天我能加强防范，也不至于会出现那危险的一幕；倘若那天我不疏忽大意，也不至于会落下右脚时常发麻的病根儿；倘若我能采取安全措施，有人监护作业，根本就可以杜绝这起事故的发生。在此提醒大家：在不要伤害别人和不被别人伤害的同时，千万不要自己伤害自己，要记住什么时候都要做到安全第一。

 34. 因为一时侥幸让我留下腰伤的毛病

我叫李某某，在某矿基建工区从事采掘工作。别看我今年才 25 周岁，可在煤矿工作已经快满 7 年了，算得上“老矿工”了。刚来的时候，我很遵章守纪，可随着时间的推移，我的思想发生了变化，安全意识变得淡薄了。有一次，因为一时的侥幸让我留下了永远的遗憾。

那年 7 月 4 日凌晨 2 时 10 分左右，我们班在 1404 二号下山负责切眼开门，在放完炮后准备进行临时支护。当时，班长安排我先进行“敲帮问顶”，然后再施工临时支护。我认真地观察完顶板后，发现左帮上肩窝部位有一开裂的碎矸石，便马上用钢钎撬，试了几次，尽管每次都使出了很大的力气，但碎矸石还是纹丝不动。我向班长做了汇报后，班长指示必须想办法把这个问题解决掉，否则不准施工支护。我又用钢钎试了几次，但碎矸石仍然不动。

此时我见班长离开现场去找车皮，便产生了侥幸心理，觉得碎矸石很牢固，不会在我干活儿的时候“凑巧”掉落。于是，我便趁班长不在现场的时机贸然进行了临时支护施工。我挖完右帮下边的棚窝后，就到左帮下侧去挖棚窝。当我正干得起劲儿，没有想到那块碎矸

石突然冒落，掉下一块约 5 千克的矸石，我躲闪不及，被矸石重重地打在了腰部。事后，经医院检查，我的腰部第四脊椎骨轻度骨折。

天底下“凑巧”的事情很多，“凑巧”说不定哪天就会在你我身上发生。因此，我诚恳地告诫大家，只要心存侥幸，事故就极有可能发生。希望大家以我为鉴，牢记我的教训，切勿让“侥幸”再次成为“凶手”。

35. 工作中分心留下小腿处长长的伤疤

我叫李某某，是煤矿的一名推车工。每当夏天我穿着短裤时，就会露出小腿处一条 10 厘米左右的伤疤，这也成了我心中永远磨灭不掉的“伤疤”。

我们班负责在翻罐笼处倒从井下运上来的矿车。成员除了我之外还有胡某以及张某某和万某某两名女同事，大家年纪相仿，关系很好，平时上班经常打打闹闹。我清楚地记得，那年 3 月 16 日的中班，我正站在轨道中央背对着矿车行驶的方向和两名女同事聊天。突然两名女同事对我大喊道：“小李，快闪开！来矿车了！”工作中开惯了玩笑的我，还以为她们又在和我开玩笑，没当回事。过了一会儿当我回过头看到朝我急速行驶来的矿车时，已没有了躲闪的余地，装满一车矸石的矿车顺着轨道向我冲过来。由于躲闪不及时，我的左小腿被重重的矿车挤了一下，当时就没了知觉。随后赶来的班长和队长赶紧把我送到了医院，经拍片检查，我的左小腿骨折，伤口缝了十几针。躺在病床上，看着妻子为我忙上忙下，我后悔不已，心想，万一自己真落下残疾，妻子怎么办啊！看出我的窘迫，妻子也没有过多责怪我，只是开玩笑地说了句：“躺在床上舒服吧！”我羞愧地对妻子说：“现在就是再给我十个胆儿，我也不敢再粗心大意了。”

现在我将自己这段不光彩的经历讲述出来，就是想通过我自己的切身体会来告诉大家，工作中一定要全神贯注，千万不能粗心大意，用自己的身体和生命去验证安全操作规程的正确性会付出惨重的代价！

36. 疏忽大意擅自处理故障丢掉了手指

煤矿职工都知道，每次班前会领导都会叮嘱大家注意安全操作，互相配合，做好互保联保。以前每当这个时候，我都会觉得多此一举，听完了也不会往心里去。可自从那次事故后，我深刻体会到了领导的良苦用心。

多年前的一次夜班，我和一名工友到工地进行注浆作业。凌晨3点多，我发现运输黄土的皮带机跑偏，时常有黄土落到地上。这种情况按照安全规程应立即停机并通知维修工进行调整，以免造成皮带撕裂等机械事故。可当天跟班的维修工下井了，我觉得深更半夜再打搅其他维修工于心不忍。心想自己已经工作了20多年，皮带机跑偏这种常见故障以前也看别人排除过，干脆自己动手吧。于是我和工友一起对皮带机的承载托辊组和张紧处进行调整，我站在驱动滚筒旁用手将跑偏的皮带往回拉。突然皮带机飞快地转动起来，我的手指被压在驱动滚筒上，顿时血肉模糊，痛得我快晕过去了。送医院治疗后，我右手的1节食指、2节中指被截肢。

事后我认真分析了自己受伤的原因。一是安全思想意识淡薄，平时的安全教育没有入耳入心，在没有维修工的情况下，心存侥幸，冒险蛮干，擅自处理机械故障。二是工友与我一起交叉作业，相互之间缺乏互保联保意识，工友误启动开关，致使皮带机“吃掉了”我的手指。

残疾的右手给我的生活和工作带来很大的不便，从那以后，我再也不敢不按安全操作规程盲目办事了。

37. 思想开小差矿车从我的右脚碾过

我（金某某）满以为多年前一段尘封的往事会随着时间的流逝而被遗忘，不会再有人提及，未曾想小女儿的一句话却把我推进了记忆的长河。一直隐藏在狭小空间里的伤痕，清晰地暴露在小女儿的眼前。

“爸爸！你的脚趾怎么少了一截?”看见拖鞋里我那残缺脚趾的右脚，小女儿发出惊呼。

我缩了缩脚趾，想重新把它深埋在记忆深处，但小女儿清澈的眼眸却把它照得一览无余。

那是十多年前，我刚刚到煤矿上班。那是个中班，我负责挂钩，在工作到第六钩车的时候，思想开起了小差。因为这是最后一钩车了，兴奋和得意涨满了头脑，想着下班后可以好好地和朋友打打牌了，心里满是快乐，忘记了身边运转的设备。“车！车来了！”等工友提醒矿车来了时，懵懂的我怎么也来不及将自己的右脚从轨道上移开了。矿车无情地从我的右脚上碾了过去，剧痛传遍了整个脚掌。躺在手术台上，悔恨的泪水奔涌而出，灰色的天空压得我透不过气来，我好后悔！

38. 作业的一时疏忽留下了终生悔恨

我（况某）是一名因工致残的工人。现在，每当我看到他人携带儿女在矿区悠闲地散步，或看到别人迈着轻快的步伐上下班时，心里就会涌起无尽的悲哀，就会想起 8 年前的那一天，因我工作中一时疏忽造成的终生悔恨……

那年4月9日，当时我担任井下瓦斯检测员。早上8时30分，我在工作面进行瓦斯检查，在途经一段没有架棚支护的巷道时，我没有按照安全规程进行“敲帮问顶”，怀着侥幸心理，冒冒失失地进入了巷道。不料没走多远，突然顶板垮落，把我埋住了，只有头部露在外面。经过工友们抢救，我被送进职工医院治疗。经过检查，我的头部严重受伤，颅内积血，严重脑震荡，造成癫痫，发病时口吐白沫，大小便失禁。同时右脚踝关节脱臼，脚跟粉碎性骨折。经过手术治疗，我虽然保住了性命，但从此失去了正常人的生活，癫痫病经常发作，只能靠服药控制病情。最令人悲痛的是，我永远不能行走了，只能依靠双拐。

事故虽然已经过去8年了，可那令我心碎的一幕至今仿佛仍在眼前。8年来，我不知流过多少悔恨的眼泪，心里不知淌过多少血，可是泪水又怎能冲刷掉我肉体及心灵上的创伤呢？

39. 清理煤仓未系安全绳我差点儿丢掉性命

我叫刘某某，是煤矿修护区的副队长。在一次清理煤仓过程中，由于漫不经心没有遵守安全规程，差点儿就丢了性命。

那年元月15日早班，领导安排我清理地面煤仓，交代了安全注意事项，并特别嘱咐一定要将安全带与仓壁上的安全绳连接好。我到透煤眼口看了一眼，发现淤煤只有不到1米厚，捣一下就能通。当时心想，杀鸡焉用牛刀？这点儿小事不要那么麻烦。于是，我将安全带与安全绳连接这道工序减掉了，直接投入了工作。我用钎子往下捣，没有捣通，又改用铲子挖。当挖到近1米深时，淤煤突然“轰”的一声垮落，我也像个秤砣似的砸在仓底的煤堆上，被埋在淤煤中。当时我还很清醒，能听见上面人的说话声，求生的本能让我张开嘴拼命地喊叫，但就是喊不出声音。时间一秒秒地过去了，我感到呼吸越来越困难，腿往下蹬、头朝上顶，但都没用。我被憋得有说不出的痛苦，觉得一秒钟比一年还要长。自救器就在我的腰后面，几次想去够它，但就连这点儿力气也没有了。我感到彻底绝望了，想不到一点儿疏忽就要把性命搭上，我才 30 多岁呀！早上离家时一家人还有说有笑，难道就成了生离死别？父母还等着过年时全家人好好聚聚，这下全完了。当时啥都想了，但想啥都迟了，想啥都没用了。就这么悔恨交加、胡思乱想，直到啥都不知道了。等我醒来时已经躺在了医院的病床上了。

经历了这场劫难，我才真正明白什么叫“珍爱生命——让安全成为我们的习惯”，为什么要按章操作。后来我在矿反违章学习班学习，并受到撤职处分。当领导征求我的意见时，我发自肺腑地说，活着比啥都好，我已是不幸中的万幸了。我唯一的愿望就是把我的教训告诉大家，一定要把安全记在心中，千万别拿生命当儿戏。

40. 图省事少爬两步自己的脑袋险些落地

我叫李某，是煤矿一名普通员工。那年 12 月 14 日夜班，是我记忆犹新、终生难忘的一夜。为了少爬几步路，我取下了支护在钢梁上的木楔子，松动了被支撑的岩石，头顶岩石突然垮落……

当时，我和陈师傅负责机尾 15 块板的回柱移溜工作。该工作面仅 1.1 米高，我俩在回风巷抱了些木楔子和木料就往工作面爬。到了工作面，陈师傅让我在煤壁拖 T 型钢。为了不空顶作业，T 型钢在支护时必须与顶板贴实，才能达到最佳支撑效果。如果空顶时就用木楔子和木料进行充填。不多久，我们的充填木料快用完了。由于我个头小，在矮工作面行动较敏捷，陈师傅就叫我去回风巷抱木料。虽然到回风巷堆码材料的地方来回只要 6 分钟，但我不想去，推诿说等会儿。我边说边用矿灯照射前方工作面，看有没有遗留下来的木楔子。突然，我心生一计，随手取下上一班已支护在 T 型钢梁上的木楔子，心想，反正工作面要向前推进，我把本班支护好就行，还可节约材料。我握住木楔子用力一拖，只见矿灯照射处顶板在向下沉。只听"轰隆"一声，紧接着感觉到一阵钻心的疼痛，我推开矸石，收回右手，脱下手套，我简直不敢相信自己的眼睛，鲜血一涌而出，右手小指只剩一点儿皮将手指悬挂着。回头看看垮落的矸石，足有箩筐大小。

偷懒，为了少爬两步路，让我的脑袋险些落地。若当时反应稍微迟钝，就不是丢一根手指的事了，我越想越后怕。在此，我想告诉所有的员工，特别是新员工，不要贪图便利耍小聪明，把生命当儿戏。

41. 多亏工友那声喊让我免遭伤害

我（刘某某）是一名电工，终日同"电老虎"打交道。参加工作多年来，我热爱自己的岗位，精心钻研技术，干活儿时严格按规程操作，曾多次获得单位的"技术状元""安全标兵"等荣誉称号。成绩的取得，不仅仅得益于我过硬的技术本领，更得益于一次险些丧命的教训，那次经历让我终生难忘。

参加工作后我被分配到负责单位高压设备维修的电工班。刚到岗位，单位整天组织安全知识学习，师傅们也常提醒我一定要穿戴好劳动防护用品，要严格按操作规程作业。对于这些，我总是怀着满不在乎的态度，时常当作耳旁风。

4 月，单位一年一度的春季大检修开始了，我和同班工友负责检修进口压缩机继电保护设备，这可是我们厂的主要生产设备呀。对于参加工作不久的我来说，也正想好好表现一番。虽然高压线路全部停电了，可按照高压电操作规程，依然应该验电—放电—拉接地线—悬挂指示牌后才能实施操作。我心想，反正没电了，还那么费事干吗？直接干活儿吧。于是，我大胆地拿着工具走向压缩机继电保护设备。正当我伸手快接触到高压母线时，跟在身后和我一起进厂的工友小路大声喊道："快住手，不准胡来。"并一个箭步上去把我拉了回来，"这是高压母线，一定要按操作规程去做。"我摸着生疼的胳膊站在一边，心存不满，真是没事找事，吃饱了撑的，高压线路都停电了，哪儿来的电呢？分明是你小路想自我表现。我强压着怒火，想过一会儿再找小路理论。

可令我万万没想到的是，小路用专用试电笔一试，母线居然带电。后来分析原因才知道是变压器隔离开关没有被拉开，造成低压反送电形成高压所致。当时我被吓出了一身冷汗。再一想刚才如果自己的手接触到高压线的后果，不禁毛骨悚然。

从那以后，我再也不敢藐视安全学习了，常常虚心求教。在实际工作中，我会严格按照操作规程作业。我和小路也成了最好的朋友，因为在我心里，他可是我的救命恩人呢！

42. 没有"敲帮问顶"，嘴巴留下疤痕

煤矿的安全生产来不得半点儿麻痹大意。煤矿安全规程明确规定：要严格执行"敲帮问顶"制度。开工前，班组长必须对工作面安全情况进行全面检查，确认无危险后，方准人员进入工作面。我（胡某某）想用我自己的亲身经历告诉在井下工作的工友们：不执行"敲帮问顶"制度，害处很多！

记得那年5月的一天早班，我们在井下118采区-90米水平掘进南中巷作业。那时我是班长，我第一个进入工作面，发现工作面的岩性很好，两边帮和棚顶都没有松动的矸石，我想今天可以不进行“敲帮问顶”，问题不大。班上的人员都来了以后，我就喊上副班长和一名工人开始打孔。我把机头，副班长打孔，另外一名工人踩开关。由于凿岩机打孔的振动，棚顶有一点儿掉渣，副班长连忙要我停下来，说：“班长，要不要‘敲帮问顶’？”我说：“没事，没事！”就继续工作。这时，一块小矸石打在我的矿帽上，我没当回事，抬头一看，另一块较重的矸石正落下来，不偏不倚打在我嘴巴上。顿时，我满嘴是血，上嘴唇被打破了。到矿医务室检查，医生给我上嘴唇缝了3针。

好了伤疤，我没忘了痛。从那次后，我常常告诫班里的同事：安全无小事，掘进开工前一定要“敲帮问顶”。

43. 一时的莽撞行事让我的手指受伤

每当用指甲刀修剪指甲时，一抹阴影总会飘过脑海。左手小指那歪曲的指甲醒目而刺眼，让我时时铭记井下工作和工友的配合是多么重要。

我（金某某）是煤矿的一名掘进工，主要负责在后方搞运输，装支架。那年3月10日的那个早班，我和一名工友负责拉车，顺便装金属梁，这是班长在安排工作时交代的。在掘进队，把金属梁捆绑在矿车上运进掘进碛头，是减轻劳动强度的一种省力的方法，是掘进队常用的。当我们将矿车拉到堆码金属梁的地方，看着这些堆砌着的12号工字钢梁，工友有点儿犹豫，“我看我是甩不上去的，太重了！还是两人抬起放在矿车上吧。”“你都是十几年的老工人了，连梁你都甩不起？”仗着自己年轻气盛，我没有再多说，抬起金属梁就往矿车上抛，工友也只好硬着头皮抬起金属梁开始往矿车上抛。由于工友确实没有太大的力气将金属梁甩上矿车，金属梁在矿车上弹跳了一下，就开始往我们身前落。为了不让金属梁落在脚上，我们本能地用手去挡这根掉下来的梁。没有想到，我的左手被夹在了金属梁和矿车的边缘之间，一阵钻心的疼痛让我的眼泪都快掉下来了，手套很快就有鲜血渗了出来，左手小指顿时失去了知觉。放妥了金属梁摘掉手套一看，左手小指已是血肉模糊。看见我受伤的手指，工友显得手足无措，满脸歉意。

手指好了，但从此指甲却是弯曲的。从那以后，和工友配合时，我都是谨慎行事，再也不敢莽撞行事了。

44. 粗心大意，站位有问题失去左腿

我叫任某某，原在煤矿综采队工作。那年 2 月 7 日在 207 工作面，我和工友准备拉转载机，恰好有一根单体梁倒在正在运转的转载机机尾上，转载机带动单体梁运动。当时我就站在运输机机头处，没来得及躲开，单体梁顶在我的腿上，导致我的左腿被高位截肢，右腿粉碎性骨折。

反思这起事故，主要原因是我站的位置有问题。因为一时的粗心大意，给个人带来终身痛苦，给家庭带来负担。由于伤残行走不便，得拄着拐杖。特别是上下楼时，安装的假肢不能弯曲，需要有人搀扶才行，而且上下楼还会引起大腿疼痛。由于不能上班，仅靠一点儿工伤工资，家庭生活特别困难。妻子没有工作，两个孩子上学，本来生活就不富裕，自从受伤以后，就更加困难了。当看到别人都能正常行走时，心里就像翻倒的五味瓶，难过极了，多么希望能和常人一样正

常生活，但后悔已晚。

井下作业既艰苦又危险，安全生产来不得半点儿马虎，稍有麻痹大意就会带来血的教训，甚至惨痛的代价。生命只有一次，奉劝我的工友们一定要认真学习安全知识，提高自我保护意识，不要重蹈我的覆辙，时时处处注意安全，不要存侥幸心理，不要让我的教训在你们身上重演。

45. 工作粗心忽视质量差点儿丢了性命

我叫梁某某，参加工作以来一直从事采掘作业。过去在思想上对安全生产认识不深刻，直到多年前的一天夜班，因为我工作粗心，忽视工程质量，最后被巷道棚上垮落的矸石打倒差点儿丢命，才彻底认识到安全的重要性。

那年 6 月的一个夜班，我队在 148 采区-25 水平南二石门施工，当时我任队长。到了工作面，按理要先检查工程质量、“敲帮问顶”，发现隐患要及时处理。可我为了赶进度，在发现工作面顶板较破碎，只有一架无腿棚作临时支护的情况下，也没有采取措施就带领职工砌墙。到了早上 6 点多，顶板突然垮下一块较大的矸石把无腿棚打倒了，并把刚好在工作面砌墙的我压住。工友们见状以为还会再掉矸石，便全部往外冲。当他们回过神儿来才发现我没有出来，便马上跑回工作面迅速将我救了出来。幸好当时一根木头挡了一下垮落的矸石，才减轻了对我的压力，幸好棚顶再没有大面积垮落矸石，幸好工友们对我抢救及时，我才幸免于难。虽然那次事故没丢命，但也受伤不轻，当时我的背部、腰部和腿被矸石砸得血肉模糊，全身疼痛难忍，连话都说不出来了，更不用说站起来走路了。

那次事故的直接原因是上一班工程质量低劣，而本班带队的我没有重视，粗心大意、违章指挥、违章作业。但我想最根本的原因还是平时不注重安全学习，安全意识淡薄，养成了“看惯了、做惯了、习惯了”的恶习。这件事情虽然过去多年了，但在我的脑海里仍然是那么清晰，好像是昨天发生的事情，至今令我难忘。希望广大工友们要引以为戒，时时绷紧安全这根弦。

46. 两次受伤让我从此不敢再图省事

我叫周某某，是煤矿的一名掘进工，在一年不到的时间里，因为图省事让我两次在工作中受伤，大拇指骨折。如今，每当看着已经变形的手指，我就会默默地提醒自己，决不能再在工作中图省事了。

记得那年 4 月的一天，我和几位同事一起在碛头打风锤，我负责挂钎子。趁同事操作风锤的时候，我一屁股坐在碛头后面的矸石上，心想现在终于可以歇歇了。但我却图省事，没有对顶板及周围的巷帮进行检查。就在我准备起身再次去挂钎子时，一块巴掌大的浮矸石忽然掉了下来，一下砸在我右手的大拇指上，彻骨的疼痛使我跳了起来。随后，在矿医院的检查中发现大拇指已骨折。

休息 4 个月后我又回到了碛头工作，没想到一个月不到，让我再一次受伤骨折，这次受伤同样是由于自己图省事造成的。我在挂钎子前，工友提醒我检查一下有无松动的浮矸石，我简单地看了看，顶板很好，就没有用撬棍进行检查。没想到钎子还没挂好，一块 3 千克的浮矸石就垮了下来。我连忙想缩手但已来不及了，浮矸石一下子砸在了我的右手上，结果又造成骨折。令人哭笑不得的是，这次受伤骨折的地方同样是右手大拇指。

我右手的大拇指因为两次受伤已没有了指甲，还有些变形。而它也时刻警示我任何时候都不能偷懒图省事。

47. 心里只想着回家，不料两腿被挤断

我和几名工友去单位医院看望一名同班组的受伤工友。当他看见我们来看他时，不由得流下了眼泪："我现在一切都完了，我成了残疾人，这一辈子全完了；我没有爹，只有老母亲和正在上学的弟弟妹妹，我还没有结婚，这下子可全完了，我以后的日子怎么过呀。"话没说完就大哭起来，我们几个听了以后，也都伤心地流下了眼泪。

他叫李某某，是煤矿一名合同工。在那年3月末的一天，由于他准备请假回家结婚，在井下干活儿时思想不集中，心里只想着尽早干完活儿回家，不料溜子突然开动，溜槽里一根柱子顶到他的腿上，造成两腿被挤断。

他让我们几个坐在床前，继续说："这几个月来我一直躺在床上想，这又能怪谁呢？我如果思想集中，有一点儿安全观念，及时看一下溜槽里有没有东西，这一切不是就避免了吗？我真悔，我真悔呀。"说着就又痛哭起来。

当你听到这位伤员痛苦的反思，你有何感想？希望你从中能得到启示，吸取教训，不论在井上或井下干活儿，都要以安全为天，时刻绷紧"安全弦"，常念"安全经"，保持头脑清醒，做好自主保安全，不违章违纪，不要让悲剧发生。

48. 内急不择地儿险些缺氧窒息把命丢

我叫周某某，今年42岁，是煤矿的一名掘进队员工。在我二十多年的井下工作中，一次说来有些可笑的历险，令我终生难忘。

那年3月24日夜班，班长安排我和另一位工友陈某去扩集中皮带巷水沟。到了工作地点，我们开始做施工准备。突然内急，我就对工友陈某说，你休息一会儿，我去方便一下。我在离开工作地点十来

米的地方看见有一条打着栅栏的支巷，但栅栏上有一个近 1 米的窟窿，我就钻进去向前走了几步蹲了下来。突然，我感到头晕目眩，然后就什么也不知道了。当我醒来时，我发现自己躺在地上，工友陈某正满头大汗地挥舞工作服为我“扇风”。原来，我被支巷里聚积的瓦斯“闷”倒了。我倒下时安全帽撞击岩石的声音引起了工友陈某的注意，他喊了我几声见我没回答，就跑过来看我，见我倒在地上知道出事了，就屏住呼吸将我拖到大巷中抢救，救了我一命。幸好工友的警惕性高，否则我的性命就没有了。

虽然这件事已过了十多年了，工友们还时常拿这件事开我的玩笑，但我自己一点儿也笑不出来。这次经历使我进一步认识到在井下工作必须时时小心，时刻绷紧安全这根弦。

49. 忽视安全一味蛮干造成终身残疾

那年 4 月 20 日是个平常的日子，但这一天对于工人张某某来说却是永生难忘。由于在井下工作中忽视安全造成终身残疾，使他永远失去了工作能力。

那天跟往常一样，听完队长安排工作后，张某某没细听针对具体工作所需注意的安全事项，就匆忙与其他员工来到井下工作现场。张某某对现场进行了简单的察看，光滑的顶板上有两根锚杆没有上托盘。由于着急干活儿，他也没执行“敲帮问顶”安全制度，也没听其他工友的劝阻，就在下面干起活儿来。就在他忙着工作的时候，隐患已慢慢地张开了血盆大口，随时准备吞噬掉他的生命，可悲的是张某某还不知不觉。由于他的粗心，没发现巷帮上部与顶板是不衔接的，二者之间有几厘米差距，从缝隙间看去有 20 厘米厚的顶板已离层。在他弯腰去搬一块岩石准备往车里放的时候，在他头部上方一块长2米、宽1米，平均厚度0.2米的岩石毫不留情地落了下来，把张某某砸在了下面，整个人只有一双靴子露在外面，前胸与膝盖贴在了一起，当时就不省人事了。工友们急忙用大锤砸那块石头，把大锤把都砸折了。跟前的6名工友一起努力才把那块石头及时从他身上掀开，把他拖了出来，将他送到集团公司总医院，这才保住了他的命。

这次事故张某某共折了4根肋骨，右腿韧带严重变形，左小腿局部粉碎性骨折，在医院躺了半年。虽然人没死，但落下了终身残疾，再也没能力从事矿山工作了。

50. 都怪一时疏忽手指被轧得粉碎

叮铃铃，叮铃铃，一阵急促的电话铃声响起，我迅速拿起了话筒，电话里传来姐姐悲切的哭声："你姐夫出事了，现在在医院呢……"话未说完，姐姐已泣不成声。

我和爱人马上坐车赶往医院，见到了躺在病床上的姐夫。他脸色苍白，左手肿得像一个充满气的气球，缠着白色绷带，左手小指已从根部被齐刷刷地截去。"姐夫，你在煤矿干了二十多年了，咋会出这种事呢?"我禁不住问道。

"唉，都怪我一时疏忽呀!"姐夫叹息着向我们讲起事情的经过："那天，我上8点班，我领着几名工友到22下山检修皮带机。由于时间紧、任务重，大家就争分夺秒地抢修起来。大约10时左右，皮带机基本检修完，我正在做收尾工作，皮带机忽然开动了。当时，我的手还没来得及从皮带机轮间抽出，就被卷了进去。只感觉到一阵撕心裂肺的疼痛，我没了知觉。皮带机停下后，我的小指已被轧得粉碎。"姐夫看了看被截去小指的手，满脸的悔恨和无奈。他说："当时，我如果小心点儿，在工作现场悬挂‘有人工作，禁止合闸’的标志，也不至于造成今天这样的后果!”

一根手指被截去了，手已变得残缺不全。它不仅使一个家庭的生活暂时失去了经济来源，也给今后的生活带来诸多不便。一根手指给我们以血的警示：要想做到安全生产就必须从小处做起，从细微处做起，时时处处讲安全，绝不可麻痹大意。

51. 工友现场留下的“地雷”伤了我

工作一完成立马走人，却在现场留下了事故隐患，俗称之为埋“地雷”。地雷本是用来杀伤敌人的，而工作现场的“地雷”，一不小心就会伤及自己和工友，我（白某某）就有过两次被工友留下的“地雷”伤害的经历。

一次是分厂领导安排同事小王去清理水泵房阀门坑淤泥，小王将阀门坑盖板搬开后就干了起来。因为工作量较大，他整整清理了一上午。按理说他应该清理完毕后及时恢复盖板，可他一看手表已到吃饭时间了，他想吃完饭再盖也不迟。可这一吃饭不要紧，他把恢复盖板的事儿忘得一干二净了。

饭后到了巡视设备、抄表的时间了，我手拿记录本走进了水泵房。当我按照熟悉的路线检查设备时，顿感脚下一空，一条腿已经跌到了阀门坑里。所幸的是，我的手及时扶住了地面，人才没有摔下去，但腿却重重地磕在了阀门上，鲜血顿时流出来了。当时疼得我龇牙咧嘴，半天缓不过劲儿来，直到现在，我的腿上还留着一道深深的伤疤。

还有一次是单位进行大检修，我们水泵房有一台控制箱需要更换。因为工作多，时间紧，检修人员更换好控制箱后就去干别的工作了，把包装控制箱的木板随手扔在了现场。到了巡视设备的时间后，我需要巡视控制箱的运行情况。当我走近时，一脚下去，正好踩在了一块木板上的长钉上。长钉穿鞋而过，直扎脚心，疼得我立刻跌坐在地上，眼泪都流了出来。之后，我一瘸一拐地过了好长时间，给工作和生活带来了很大不便。

虽然给我造成伤害的两起事故责任人事后都受到了批评，但这两起事故给我们的教训却是深刻的：那就是工作完成之后一定不要忘记清除“地雷”，要检查工作现场有无安全隐患，有无影响下道工序安全生产的事故苗头，而不要工作一结束撒腿就跑，把清理现场这一环节疏忽掉。一定要处理好现场再离开，不能拖延，绝对不能给自己和工友埋“地雷”。

52. 图省事违章要了王师傅的命

王师傅的死，是我（武某某）一生刻骨铭心的记忆。记得那年夏天，我还是个刚上班不久的新工人，在煤矿掘进区工作。那天晚上，队长派王师傅、小赵和我到掘进头工作。一茬炮响过后，顶部露出一块近 1 米宽、2 米长的大石头，按照操作规程应该把它撬下来再进行支护，但王师傅为了图省事不遵守操作规程，对小赵和我说：“这个大家伙撬下来费不少事，还要多出一罐货，凭我的经验没事。你们两个到后面拖几根木头，我把下面活煤清一下，搭一架棚子支好大石头就行了。”对王师傅的做法，小赵也为了省事没反对，我是新工人只能盲从。我和小赵刚向后走了几步，听见“轰隆”一声响，王师傅被脱落的大石头砸在了下面。等我们喊人将大石头撬开时，王师傅已奄奄一息。第二天，这个挖了约 20 年煤炭的中年汉子死在医院里了。

这件事给我的教训极为深刻。后来，我被调到别的矿井工作，遇到工友冒险作业时，总是及时制止，并把王师傅的故事讲给大伙儿听，起到了极大的安全警示作用。

53. 未关保险开关调整机器手指被切掉

有一年 12 月 29 日，拉幅机上一个切片刀被卡住了，需要恢复正常。我和往常一样，没有关保险开关，用手去晃动切片刀上的装置，这时切片刀突然刀口朝上左右移动，我半截食指随着刀的移动掉到了地上，鲜血从手上流出。我多想把地上的半截手指头再安上，可为时已晚，只有眼睁睁地看着血淋淋的手指头无力地躺在地上。十指连心，当时痛得我全身发抖，我忍不住放声大哭。

由于麻痹大意、违章作业，给自己造成了伤害。由于自己的“随意”给一生带来了不便，是自找的。为了让工友们不要再犯同样的错误，我们需要从事故中吸取教训，需要总结经验。

“安全”不是一个空洞的词，它需要人们认认真真地对待，扎扎实实地付诸行动。为了大家的生命健康，为了所有家庭的幸福平安，要从我做起，从小事做起，关注安全，关爱生命。

54. 抱着侥幸心理作业伤害了自己

我叫杨某，是一名采煤工人。3 年前，我用自己的经历给自己上了一课：不经意的一次小违章，很可能就会对自身造成严重的伤害。从那以后，在日常工作中，我每时每刻都将安全记在心头。

那年 11 月，我在采煤一队攉煤班做攉煤工。那天下午 1 点多，我正在 4022 工作面中下段 8 号工位攉煤。当我攉得正起劲儿时，听到班长大声喊话：“溜子运排材了、溜子运排材了！大家都停一停！”

一起工作的工友立刻停止了攉煤作业，躲到人行道上。当时我正干得起劲儿，不愿意停下来，还抱着侥幸心理，心想哪有这么巧的事，先把煤攉完再说。于是一边暗自嘲笑工友们太胆小，一边继续攉煤。

过了一会儿溜子里一块放歪了的排材朝我头部刺过来，躲避不及的我“哎哟”了一声，就不省人事了。

不知过了多久，我终于清醒过来。环顾四周，才发现自己躺在医院病床上。前来探望的工友们告诉我，我当时晕倒了，还好抢救及时，才没有生命危险。工友们还特意把那只被砸得不成样子的矿工帽拿来给我看，我看到后不禁倒吸了一口凉气：“要不是这顶安全帽，恐怕我早就没命了。”还好那天我按照要求正确佩戴了劳动防护用品，所以没造成更大伤害。在医院的病床上躺了 3 个月后，我才重新回到了工作岗位。

事后在区队帮教会上，我受到了严肃批评，并且做了反省。作为一名在煤矿工作了 5 年多的采煤工人，我十分清楚煤矿安全规程。而且在当天的班前会上，班长对当班的安全注意事项也提出了明确要求。发生这样的事故，都是因为自己心存侥幸、麻痹大意，只顾“闭着眼”操作，不按规程办事造成的。

通过这次事故，我认识到不注意细节、违章操作是事故发生的根本原因，是造成自身伤害的巨大隐患。从那以后，我每次下井，都严格按章操作、规范操作，每次工作前，都首先观察工作环境，摒弃侥幸和麻痹大意的心理。由于大家提高了安全意识，规范了操作程序，此后矿上再也没有发生过一起类似的事故。

55. 安全上打马虎眼终究栽了跟头

我叫高某，是煤矿采煤一队生产二班的回柱工。作为在井下采煤工作面摸爬滚打了 12 年的采煤工，自己以前在工作中从未受过伤，就连皮都没被蹭破过，班组的兄弟们给我起了个绰号——老安全。很多次，区队和班组都把我当安全模范人物进行表扬，工友们也说我是老资格的采煤工，安全方面“顶呱呱”。

有了这些赞誉，有时候我还真觉得自己在安全工作上是个人物，不免心里滋生出几分骄傲，心想：安全嘛，不就那么回事，没什么特别需要注意的。受这些错误思想的影响，有段时间，我班前会也不好好听了，老是走神儿。现场“技高人胆大”，凭自己的经验干活儿。

好几次，现场值班的队长和班长看出我不对劲儿，多次善意提醒我注意安全，按章作业，我都不屑一顾，心想：“哼，我是‘老安全’，能有啥事，小题大做，管得宽!”有时候，即使嘴上答应了，也没有落实到行动中去，敷衍了事。有一次，班长在现场当着几名兄弟的面又批评了我，我觉得自己在班组资格老，没了面子，下不了台，于是“理直气壮”地顶撞了班长几句。班长气呼呼地说：“安全上打马虎眼，不知哪天就要在安全上栽跟头!”对这些好心的提醒和安全警示，我依然是左耳进右耳出，置若罔闻，我行我素。

安全确实马虎不得，班长的话没多久便应验了。

那年 11 月 5 日，这辈子我都忘不了这一天。当时，我在 2018 采煤工作面 2 号工位进行支护作业。这天工作很顺利，我一边哼着歌一边作业。几十斤的单体液压支柱被我抡过来甩过去，干得很起劲儿，把在一旁的安全伙伴老胡看得眼花缭乱，他对我竖起大拇指：“老高，你的活儿就是整得漂亮!”

听了安全伙伴的夸赞，我更高兴了，干得更起劲儿了，心想：“哼！今天我就是要给你们露几手，看以后谁还敢在我面前叽叽歪歪。”

很快，9 米长的 2 号工位被我全部支护完毕。看着整整齐齐排列的单体支柱，像等待检阅的士兵，我心里特别高兴。

只剩系防倒钢绳这最后一道工序了，看来今天的作业就要圆满结束了。于是我坐下来喝了口水，和老胡摆起了“龙门阵”，思量着今天出去可要找几个兄弟好好喝几杯，吹嘘吹嘘。

东拉西扯地说了一阵后，老胡说：“老高，你休息一下，我来系防倒钢绳。”“不！还是我来，这活儿我熟，闭上眼睛我都能干好。”我轻描淡写地说。

“还是要小心一点儿，小心驶得万年船。”老胡再次提醒我。“没事，防倒钢绳这是小活儿，看我的。”见我这样，老胡不好再和我争了。

要是说前几道工序我心里还有安全意识的话，这系防倒钢绳最后一道工序，我的安全意识已经全部松懈了。

就在这个时候，在系防倒钢绳的过程中，由于防倒钢绳后段扭结、缠绕，我解了几次都没解开，心里就有点儿急躁。

“解不开，抖几下试试，说不定抖几下打结的防倒钢绳就自己解开了。”图省事的思想支配了我，心里这样想，手上就行动起来，也就忘了“防倒钢绳必须理顺盘好后，实行边系边退的系法，严禁用抖动的方法解开打结的防倒钢绳”这条安全操作规程。我拿起防倒钢绳使劲儿抖了几下。

在抖的过程中，防倒钢绳的尾部接头“啪”的一声打到单体液压支柱上，反弹回来后“唰”的一下，又狠狠地打到我的右眼上。我“哎呀”一声，顿时觉得右眼火烧火燎的疼，眼泪和着鲜血流了下来。

听到我的叫喊声，在边上吓傻了的老胡赶紧跑过来，用手压住我的右眼，并大声呼救。剧烈的疼痛，使我晕了过去。

如今，我每次照镜子的时候，看到右眼上的伤疤，悔恨都会涌上我的心头，它时刻提醒我：安全工作无小事，千万不可麻痹大意，图快图省事、违章作业都要不得。特别是什么“技高人胆大”的思想更是安全工作的大敌，万万要不得！

56. 我把一张“罚单”当作警钟

我（张某某）一直悉心珍藏着一张因安全事故受到处分而获得的罚单。如今，距收到罚单已经过去近 10 年了，但我依然保留着罚单，这不免引起了同事的好奇和不解。那张数额 600 元的罚单，只是一张罚款的凭证吗？其实不然。在那张罚单的背后，有一段值得我深思的往事。对于我来说，它的意义在于通过那起事故给我带来的反思，每当看到它，就会带给我安全警示。

那年，我当时在一家天然气生产企业担任安全监督员。因为采气生产流程形成不久，领导对生产作业危害认识不足，员工安全意识淡薄，安全管理制度也不健全。在一次拆卸天然气计量孔板时，不慎发生了孔板架飞出伤人的事故。

事故当天，一名员工按照生产需要，进行更换计量孔板作业。当时管线内有几兆帕的压力。因为此类作业以前从没有发生过伤害事故，因此操作员疏忽大意，竟然忘记了对孔板阀内部压力进行泄压放空，拆卸完螺栓打开盖板的时候，没有避开危险位置，结果被飞出的孔板架打伤头部。虽经医院全力治疗，但伤者最终视力还是没能完全恢复正常，留下了终身残疾。

如果操作前该员工能够按规程进行放空，拆开盖板时避开危险位置，如果监护到位，操作时有人员提醒一下，如果安全管理制度健全、措施落实，那么这次事故就不会发生。但是，恰恰就是这些环节为事故开了绿灯。

事故发生时，我正在另外一个作业现场进行安全监督，因此不承担主要责任，但还是因为“安全培训不到位”而被罚了 600 元，扣罚半年年度奖。这件事对我的打击很大，事故发生时我毕竟没在现场啊！我当时觉得很冤枉，因为我从学校到工作岗位，从未受到过任何处分、处罚，每年都获得“先进个人”奖励，但是那年却收到了人生中第一张罚单，领导还在大会小会上宣讲这件事，说实在话，我沮丧极了。

事后，我冷静地进行了反思，也明白了那张罚单的意义。看到在那次事故中受伤害的员工，因视力影响已经不能在生产岗位上工作，我感到愧疚，感到的确应负有安全教育培训不到位的责任。

57. 抱着侥幸心理出了事故害人害己

早上 7 点 30 分，是煤矿掘进一队巷修班早班开班前会的时间。按照惯例，在每天的班前会上，巷修班都有一名职工走上前台，给大家讲述自己亲身经历的安全故事。按照班前会安全故事讲述轮次表，今天轮到巷修工张某某给大伙儿讲安全故事。

那年张某某还在我们队 5 班干材料运输工作。一次，队长安排张某某往巷道掘进工作面运送钢绳。

当张某某把装有钢绳的矿车推到片盘风机处时，发现这里不仅空间狭小，还堆满了物资，没有卸车的地方。没办法，张某某在班长的安排下，把装有钢绳的矿车推到距离风门口约 900 米的地方，准备在这里卸车。

在这里卸车并不是一件容易的事。由于钢绳太重，人工无法直接搬运，必须用吊链吊卸，需要专门的支撑杆。由于当时工作任务很重，时间也很紧，他们就抱着侥幸心理，没有使用支撑杆，直接把吊链挂在风门左侧的管路上吊卸钢绳。

事故往往出在麻痹大意上。他们刚把钢绳吊出矿车，钢绳就在重力作用下往风门的方向滑去。说来也巧，在钢绳即将撞击风门的那一瞬间，风门突然开了，正好有人走出来。接着，人们就听见风门里有人“啊”地叫了一声。出事了！大伙儿赶紧打开风门，看到队里的工程质量验收员躺在轨道中间，已经不省人事了。

回过神儿来以后，大家七手八脚地抬起伤员迅速出井，把这名工程质量验收员送到医院。经诊断，这名验收员后颅骨骨折。

这次安全事故给张某某的印象特别深。现在想起来，他还心有余悸。如果他们不图省事，把警戒工作做到位，就不会发生这样的事。如今，张某某常拿这件事提醒自己，并劝告身边的工友按章作业。

58. 图省事“技术大拿”酿成断臂事故

那年，在我所在单位的矿机修车间，有一位资历较深的车工，技术相当过硬，是远近闻名的“技术大拿”。一天下午 1 点左右，他操作机床加工一个设备零件。因为这种活儿对他来说属于“小活儿”，为图省事，他在操作机床时未按要求戴套袖，结果他的工作服袖口连同一只手臂被旋转的车床卷入。幸亏抢救及时保住了性命，但手臂被撕裂，一直打着钢圈，他从此离开了自己心爱的车工岗位。

印象中这位师傅至少具有 25 年的车工经验，出现此类事故让人感觉不可思议。经了解情况后得知，在多年的工作中，他偶尔违章操作却未造成事故，因而产生麻痹大意思想，久而久之养成了习惯性违章作业的毛病，最终酿成了让自己终生遗憾的恶果。

59. 喜欢按习惯办事的“阮习惯”的悲剧

“没了脚，我下半辈子怎么过呀？”这是煤矿运输队职工阮某某受伤后凄惨的呼喊。

阮某某是一名机车挂钩工，平时喜欢按习惯办事，人称“阮习惯”，结果因为习惯性违章作业伤了自己，害了全家。

事情发生那天早上 8 点，运输队安排机车司机赵某某、挂钩工“阮习惯”到 605 回风巷接 13 号机车，将西 19 号横川处的两台移动变压器运到 605 工作面。赵某某、“阮习惯”入井后，零点班人员已将其中一台移动变压器送到了 605 工作面。他们二人在 605 回风巷口接车后，返回西 19 号横川处准备运送另一台移动变压器。当时两人都坐在前驾驶室。10 时 30 分左右，当机车行驶至六盘区回风巷口转弯处时，为了抢时间、争速度，“阮习惯”像往常一样，在未停车的情况下跳下车准备开风门，却不慎摔倒，左脚滑进轨道，被运行着的机车左前轮碾轧，造成左脚粉碎性骨折，入院后被截肢。

在医院里看着站在身旁的领导和同事，“阮习惯”后悔地哭了。安全无小事，违章的事万万做不得。

60. 麻痹加违章，把钩工违规乘矿车丢了自己的腿

刘某某是矿井的信号把钩工，到矿工作已很多年。那年 3 月 31 日，刘某某上零点班，刚一上班他就来到暗斜井绞车道下边的信号室。信号室也叫躲避硐，有车上下时，躲在这里很安全。刘某某的工作就是给矿车摘钩、挂钩和发开车、停车信号，一个人操作还是有危险的。暗斜井提升道有七八百米长，两头悬挂的警示牌上明明白白地写着“行车不行人、行人不行车”的禁令。既然领导安排他一个人在这里干，他也乐得清静，没有活儿的时候还能打个盹儿。

这个班总共提放了 10 趟车，刘某某一会儿干活儿一会儿睡觉，不知不觉就快到下班时间了。在他睡着的时候，有一名放炮工从躲避

硐口经过。放炮工看他正在打瞌睡，没惊动他，背着一箱炸药悄悄地顺着暗斜井绞车道的台阶向上走去。

放炮工没惊动刘某某有他自己的盘算。暗斜井是一个绞车道，行车时不能行人，矿上有严格的规定。他这时从这里往上走，属于违反规定，怕被刘某某发现。

刘某某醒来时放炮工刚走过去不长时间。刘某某打电话问了问暗斜井上平台的组长老刘，得知眼前的这台矿车提上去就可以下班了，他有些不平静了。他升井时应当从新副斜井的巷道走回去。虽说要走40 分钟，但这条路是安全的。

又累又饿又着急的刘某某当机立断，和刚刚过去的放炮工一样，选择了那条违反规章的、不能行人的绞车道升井。比放炮工更可怕的是，刘某某违章乘矿车升井，那可是一辆装满矸石的几吨重的矿车。

刘某某发了信号，然后跳到矿车前的“碰头”上背靠矿车，两脚分开蹬着矿车的挂钩处开始上升。绞车道是一个有大约 20 度的斜坡，他站在车上正好能向后仰靠，这个姿势让他很惬意。

仅仅惬意了一瞬间，不安便向刘某某袭来。他意识到，这是严重的违章行为，如果被抓到，是要被开除的。他暗自祈祷：今天千万不要碰到查岗的。突然，他看到前方有灯光晃动，马上心虚地联想到是查岗的人正从台阶往下走。惊慌失措的他没有多想就往左边跳了下去。他跳得确实太仓促了，右脚抬起的高度不够，长筒水靴被矿车“碰头”上的插销环挂了一下，身体失去了平衡，被快速行进的矿车带倒，装满矸石的矿车从他的左腿上轧了过去。他眼前一黑，觉得自己要死了。求生的本能使他再也顾不得自己的违章行为是否会被发现了，撕心裂肺地大声哭喊：“救命啊！救命啊……”

最先赶到的就是那位违章走绞车道的放炮工。放炮工顺着斜井绞车道吃力地向上走，走着走着，突然听到刘某某发出的信号铃声，知道要提车了。他担心被人发现，更担心自己的安全，于是决定就地休息一会儿，等这一车提上去后再悄悄过去。没想到放炮工躲在这里被刘某某误以为查岗人工，才发生了刚才的事故。

放炮工用矿灯一照，发现刘某某的左腿膝盖以下都不见了，只剩下半截血肉模糊的大腿，赶紧将他扶起，然后掐住他的断腿处以控制流血，并朝着上平台的几名机电队工人喊："快来人啊！刘某某的腿被轧断了……"听到叫喊声，上平台的3名同事意识到出事了，连忙把矿车提到平台，放下挡车栏、挡车绳，跑下来用旧风筒布做了个简易担架，将刘某某和那条断腿一起送往地面。虽经医院全力抢救，但因断腿伤得太重，已无法接肢，刘某某永远失去了一条腿。

班组安全分析

1. 两根沉木条的故事

一位游客为了领略山间的野趣，一个人来到陌生的山林，左转右转迷失了方向。正当他一筹莫展的时候，迎面来了一位挑山货的美丽少女。

少女嫣然一笑，问道："先生是从景点儿那边走迷路的吧？请跟我来吧，我带你抄小路往山下赶，那里有旅游公司的汽车等着你。"

游客跟着少女穿越丛林，阳光在林间映出千万道漂亮的光柱，晶莹的水汽在光柱里飘飘忽忽。正当他陶醉于这美妙的景色时，少女开口说话了："先生，前面一段就是我们这儿的'鬼谷'，是这片山林中最危险的路段，一不小心就会摔进万丈深渊。我们这儿的规矩是路过此地，一定要挑点儿或者扛点儿什么东西。"

游客惊问："这样危险的地方，再负重前行，那不是更危险吗？"少女笑了，解释道："只有你意识到危险了，才会更加集中精力，那样反而会更安全。这儿发生过好几起坠谷事件，都是迷路的游客在毫无压力的情况下一不小心掉下去的。我们每天挑东西来来去去，却从来没人出事。”

游客不禁冒出一身冷汗。没有办法，他只好接过少女递过来的两根沉沉的木条扛在肩上，小心翼翼地走过这段路。

两根沉木条，在危险面前竟成了“护身符”。

危险固然可怕，但比危险更可怕的是人的麻痹大意，危险不一定会造成灾难，但人的疏忽往往是灾难的渊薮。推而广之，人生中的很多时候，我们是不是也该在肩上压上两根沉木条，让它唤醒我们的警惕性呢？

2. 海恩法则与墨菲定律

海恩法则与墨菲定律都是在安全生产管理上经常被人们引用的原理，其核心要义是提醒人们：事故背后有征兆，征兆背后有苗头，对事故隐患不能有丝毫大意，不能抱有侥幸心理。

海恩法则告诉我们，事故的发生看似偶然，其实是各种因素积累到一定程度的必然结果。任何重大事故都是有端倪的，其发生都是经过萌芽、发展到发生这样一个过程。如果每次事故的隐患或苗头都能受到重视，那么事故就可以避免。由此可见，只有平时精心，关键时才能放心；只有平时周全，关键时才能安全。能不能做到精心、周全，一丝不苟，说到底是事业心、责任心问题。所以，在日常安全管理工作中，我们应当消除事故“难免”的消极思想，坚定“可防”的信心，以高度的责任感和积极主动的态度，把安全工作抓到位。

那么，如何在抓安全工作中有所作为呢？墨菲定律能给我们一定的启示。墨菲定律源自一个名叫“墨菲”的美国上尉，他认为“只要存在发生事故的原因，事故就一定会发生”，而且“不管其可能性多么小，但总会发生，并造成最大可能的损失。”这就告诉我们，对任何事故隐患都不能有丝毫大意，不能抱有侥幸心理，不能对事故苗头和隐患遮遮掩掩，而要想一切办法，采取一切措施加以消除，把事故消灭在萌芽状态。

现实中，人们往往等出了问题之后才忙于做各项工作，召开各种会议进行反思，总结教训，最后得出惨痛的结论。亡羊补牢，加强防范，这无疑是必要的，但做好安全工作最好的办法还是将着力点和重心前移，在找事故的源头上下功夫，见微知著，明察秋毫，及时发现事故征兆，立即消除事故隐患，从根本上防止严重事故的发生。这就要求生产一线班组员工要在防止事故上多用一点儿心，紧绷一根弦，多尽一份力，同时注重群策群力，让大家多想办法、多出点子，让每个人意识到“防事故人人有责，人人关心才能防事故”，只有如此，预防事故的意识增强了，责任到位了，防范得力了，才能防患于未然。

人的需求呈现出多样性和复杂性，但有一点却是公认的客观事实，即人任何需求的追求与满足，都离不开安全需求这个基本前提。安全对于其他需求所起的作用，正如1这个基础数字一样，1以上的任何自然数都是由1组成的，而使用这个自然数的时候，表明的是自然数本身而不是1。就拿需求层次理论最底层的生理的需求来说，个人生存的基本需求必须以安全来保障。社会交往的需求、受人尊重的需求、自我实现的需求的实现如同生理需求一样，也离不开安全这个基础条件。有了这个基础条件，这些需求的满足就有可能实现；失去这个基础条件，连生命与健康都顾不上了，谁还能不遗余力地去追求这些需求呢？

班组话题讨论

话题讨论之一

需要多少安全警示才能达到预防事故的效果？

2009 年年底，北京八达岭野生动物园发生了一起离奇死亡事件：一名 18 岁小伙子郭某无视警示牌的警告，误闯虎区，命丧虎口。

八达岭野生动物园的虎区，有 1.6 米高的园区围栏、3.61 米高的防护网、7 000 伏脉冲电压的电网，同时在防护网外还悬挂有写着"内有猛兽，禁止入内"的牌子，但是都没能阻止郭某一步步闯入虎区。

事件发生后，超过七成的网民对死者遭老虎断喉的悲惨遭遇并不同情，这与前些年发生类似事件后，舆论"一边倒"支持弱者有了极大的区别。

在现在的社会里，被老虎咬死的事情并不经常发生，但类似"因自己的疏忽而导致受到伤害"的事件却比比皆是，受害者多种多样，其中的一个重要原因就是认知能力比较差，对普通人来说属于常识的东西，对于受害者来讲还是新鲜事物，由于是新鲜事物，免不了好奇，结果却因好奇丢了性命。

现在我们要讨论的话题是：

你对安全警示牌有什么认识？你认为安全警示牌能提醒你注意安全吗？安全警示牌能阻止你违章操作吗？需要多少安全警示才能引起人们的注意，达到预防事故的效果呢？

话题讨论之二

为什么环境越差人们越不遵守规则？

环境是好还是差，对人们的行为有直接的影响。

2008 年荷兰人进行了环境与人的行为关系实验。在研究中，研究人员发现，在购物街区干净、整齐的小路上，人们会整齐地停放他们的自行车，墙上也没有小广告的痕迹。接下来，研究人员在人们自行车的车把上贴小广告，然后观察他们的行为。通常情况下，33%的人会把小广告随意丢在街上。当研究人员在墙上乱写乱画一番后，乱丢小广告的人数就增到 69%。研究人员又做了几个类似实验，结果基本相同。

现在需要讨论的话题是：

如果你所在的车间、班组环境不佳，那么你身边脏乱的环境对你有影响吗？你是否愿意改变环境？如果在改变环境中需要你加班又没有加班费，你是否会抱怨？

三、宁可时时慎重，不可一时疏忽

——意外伤害事故的亲身经历与教训

安全警句

安全天天讲，工作有保障。

安全一万天，事故一瞬间。

安全是根绳，牵系你我情。

安全在于心细，事故出自大意。

好人主义害死人，发生事故坑死人。

上有老下有小，出了事故不得了。

凭侥幸耍大胆，出了事故后悔晚。

严是爱松是害，严中自有真情在。

无人故意出事故，事故出于麻痹中。

多看一眼安全保险，多防一步不出事故。

61. 意外伤害的教训让我抓安全特别顶真

我叫王某某，已年近半百。我在供电公司先后干过线路工、仓库管理员、变电检修工，现任公司电气设备厂综合装配班班长。班员们都说我抓安全特别顶真，制止违章作业对谁都不留情面，这里面是有缘由的。

那年 4 月，我们线路班在架设 35 千伏线路。中午回船吃饭时，因船搁浅，我就帮助撑船。谁知道，撑船过程中我左脚腕不慎被缆绳刮了一下，造成粉碎性骨折。当地医生说这只脚无法保住了，后来还是到市里医院请专家治疗，住院两个多月才保住了受伤的脚，花了公司几万元钱，现在回想起来依然刻骨铭心。治疗期间钻心的疼痛自不必说，母亲以泪洗面、妻子彻夜难眠的情景也历历在目。至今我的左脚腕仍有一只钢钉在里面，走路不太方便，遇到下雨、严寒天气，仍有痛感。

俗话说："吃一堑，长一智"，通过这次血的教训，我头脑里安全这根弦算是彻底绷紧啦。为了不让工友们再重蹈覆辙，平时我处处做安全生产的有心人。

几年后，我被调到变电运行工区搞开关检修。我不是班长，也不是安全员，但每次到施工现场做好准备工作后，我喜欢习惯性地到处瞧瞧，看电有没有停好，是否有疏漏、不安全的地方。有一年 6 月，在某水泥厂变压器换型扩容现场，我照例四处看看。当我走进该厂 35 千伏变压器进线处看是否停好电时，心里咯噔一下：进线开关拐臂的轴销脱落，这是难以被发现的细节。看上去是停了电，实际上并没有。这时电工正准备去挂接地线，被我喊住了。他开始还莫名其妙，再抬头仔细一看，傻眼了，额头上顿时冒出汗珠，上头还有电哩！要不是我及时发现，他很危险。在班后会上，班员们对此进行了分析，一致认为，这是一起带电挂接地线恶性未遂事故，一旦出了事故，后果不堪设想。为此，公司对我进行通报表扬，还发了奖金。

几年后，我被调到公司电气设备厂当综合装配班班长。每天一进车间，我头一件事就是对所有电气和机械设备进行全面的安全检查，如果发现安全隐患，我都一一进行整改。对于班里每周一次的安全活动，我注重实效，除了有针对性地带领班员认真学习安全规程和一些事故通报外，还经常发动大家排查车间里的安全隐患并及时消除，把安全责任落实到人，对个别违章现象进行批评教育、处罚，决不手软。由于全班员工安全意识增强，我班已连续三年在"零违章竞赛"中被评为优胜单位，我也多次被公司表彰，被评为优秀班组长。

62. 被碱液伤害处理得当保全眼睛

我（王某某）在树脂厂工作时，经历了一次化学灼伤事故，我的眼睛差点儿被烧碱灼瞎。事情过去许多年了，我仍然记忆犹新。

那年初春的一天，我接到厂部调令，被从化验室调到聚氯乙烯车间，当上了车间主任。

新官上任三把火。我身着工作服下到第一线，熟悉工艺、查看设备，忘我地忙碌开了。

第一天，高高兴兴上班，平平安安回家。

第二天，高高兴兴上班，平平安安回家。

第三天，高高兴兴上班，却未能平平安安回家。上班上到半截，我就受伤了。

这一天，我和前两天一样，到车间巡回检查。我看见碱洗泵（给碱洗塔打烧碱溶液的泵）前站着两名维修工，便走了过去。原来碱洗泵的声音有些异常。我和两名维修工一起分析原因，商量对策。正谈着，突然，我正前方碱洗泵的一只阀门坏了，一股碱液朝我冲来，不偏不倚，直冲进我的眼睛。我毫无准备，连眼睛都没来得及闭上。

顿时，我感到天昏地暗，眼睛痛得犹如针扎。我下意识地叫了一声："不好！"随后大喊："快，水管，快帮我找水管！快，快帮我找水管！"虽然我眼前一片漆黑，但心里明白：当务之急是找水，找水赶紧冲洗。

刚开始，两名维修工眼睁睁地看着碱液射进我的眼睛，十分害怕。他们清楚烧碱的厉害，想着这下子我的眼睛完了。正当他们不知所措时，听到了我的喊声，他俩才从惊恐中摆脱出来，架起我的胳膊，连拖带拽，将我带到一个洗手池旁，迅速拧开水龙头。

我不住地喊："大点儿，开大点儿！"水龙头被开到最大，我把头伸到水管前，使劲儿往眼睛里泼水。

冲洗了一阵后，可能是眼睛里的烧碱大部分被冲出来了，难以忍受的刺痛感明显减轻了。我又冲洗了一会儿，认为"干净、彻底"了，才住手。

我试图睁开眼睛，但还是睁不开。费了好大劲儿，勉强睁开一条小缝，可以朦朦胧胧地看到眼前的物体。一直守候在我身边的两名维修工用早准备好的毛巾给我擦脸擦手。我很狼狈，眼睛是"瞎"的，衣服是湿的，头发是乱的，就像一棵刚刚遭受冰雹袭击、枝残叶败的小树。

同事们把我送到医院，我让医生给我找来镜子，急切地想看看眼睛成了什么样子。眼睛肿得像核桃一样大，眼角处堆满了分泌物。我心里充满恐惧，担心我的眼睛会不会瞎掉。

我受伤的消息很快传遍全厂。厂领导来了，车间的同志来了，大家都在焦急地等待医生检查的结果，都盼望我能保住眼睛。医生小心地提起我的眼睑，对着灯光仔细查看。查完以后，医生说了 4 个字："角膜没事。"角膜没事就意味着我的眼睛不会瞎。

我如释重负，大家心里悬着的石头也落了地，房间里紧张的气氛变得活跃起来。

两名维修工向大家介绍事故经过：“碱洗泵出口管上的一只阀门坏了，管里的碱液把阀杆冲了出来，阀杆在飞行一段距离后摔到地上，而碱液继续前冲，事故就发生了。我俩眼睁睁地看见碱液射到王主任眼里，当时都慌了神儿。是王主任提醒我们快快找水，我们才有了主意。”

接着，大家你一言我一语地谈开了。

“碱洗泵离最近的洗手池也就 10 米远，几秒钟便可到达。”一听便知说话的人熟悉地形。

“多亏了当时有人头脑清醒，知道该怎么办。”又一个人说。

“还是人家懂，要是我遇到这种情况，肯定先想着往医院跑，恐怕就坏事了。”此言一出，站在旁边的人附和道：“人家懂，人家精通化学。”

“还是多学点儿东西好，肚里有东西，心里明白，这次不就沾了心里明白的光了。”又一个人谈了自己的看法。对这一看法，大家表示赞同。

医生给我备好了药棉花、烫伤膏和消炎药品。大家转移到病房外谈论去了。

遵照医生的嘱咐，我每天清洗眼睛、涂抹药膏。一周以后，我的眼睛完全好了，看东西跟以往一样。如果不说，谁也看不出我的眼睛受过伤。

我又上班了。大家都注意看我的眼睛，看受过伤的眼睛是否痊愈了。看了以后，都说和原来没有什么两样。两名维修工高兴地说：“竟然连一点儿受伤的痕迹也没有，恢复得太好了。”

我再次成为大家议论的对象。与一周前刚受伤时一样，大家还是认为：这次之所以有这么好的结果，多亏了我当时心里明白，是

“心明”换来了“眼明”。

这次事故，也给大家上了一堂安全课。大家深深地认识到，对一些安全常识，很有必要去学习、去掌握。如何应对突发事件、如何紧急避险、如何现场自救等问题务必心里明白。心里明白了，危急时刻就不会惊慌失措，就能最大限度地保护自己。此后，大家学习安全知识的自觉性、积极性大大地提高了。

我自己也觉得这次大难不“瞎”，还真是幸亏当时心里明白。从此以后，我对学习更勤奋、更努力了，对自己要求更高了。我用“心明”换来了“眼明”，我还要用“心明”换来整个车间的“安全”。

63. 作业偷懒结果被一颗铁钉两次伤害

我叫胡某，是煤矿机电队的一名电工，以前师傅教育我们“安全工作无小事，什么事情都偷懒不得”时，我总是不以为然，直到自己有了被一颗铁钉两次伤害的经历后，才真正体会到了这句话的深刻含义。

那年 11 月的一天，我在井下撤除减速机的外包装（木板）时，没有将钉有钉子的木板整齐地堆码在一个地方，而是随手四处乱扔。当我撤除到最后一块包装时，右脚底下突然被一个硬硬的东西顶了一下，我不由打了一个趔趄，隐隐感觉有些疼痛。低头一看，原来是脚踩在了钉有钉子的木板上，钉子已经穿透了胶鞋底，幸好脚无大碍。我暗自庆幸，拔掉木板没有多想就又顺手将其丢到了一边，开始了设备的安装工作。

正当我全神贯注工作之际，一阵钻心的疼痛从右脚底蔓延开来，我下意识地蹲了下去。原来，刚才那块带有铁钉的木板又被我牢牢地踩在了脚底下，令我动弹不得。同事们赶紧扶我坐下，并帮我取下了沾有血迹的木板。那沾有血迹、足有1厘米长的铁钉仿佛正在嘲笑我。这真是“偷懒不成，反受其害”呀！如果当初我将拆下来的木板堆码整齐，就不会有第一次扎脚的事故；第一次被钉子扎脚后，如果我能吸取教训，不偷懒、不侥幸，就不会有后来的伤痛了。

64. 矿灯乱照射致人摔倒

我（胥某）是煤矿的一名瓦斯检测工，我和大家说说我经历的一次因为矿灯乱照射造成的事故。那年11月25日凌晨3点左右，我突然接到通风调度室打来的电话，说是井下某掘进工作面的瓦斯探头突然断线，碛头的电源开关因此无法合上。为了不耽误当班的掘进生产，调度室要我在最短时间内把故障处理好。

40分钟后，我风风火火地赶到了该掘进工作面，立即对瓦斯探头进行了调试和检查，发现并没有故障。于是我怀疑是碛头处的监测线路在放炮时被矸石打断了，随即我又往碛头赶，看见前方数米处有几盏灯。几名坐在耙矸机旁焦急等待的工友见有人来，便不约而同地拿起矿灯朝我脸上照射过来，嘴里还喊：“你是不是瓦斯检测工？搞快点儿，我们都等了好久了！”几道强烈的光束十分刺眼，刺得我的眼睛睁不开，我急忙用手去挡。就在这一刹那，我的脚一脚踢在钢轨上，由于该工作面是有10度斜坡的下山掘进，我失去重心的身体一下就往前摔了下去，整个人被狠狠地摔出了两三米远，两只胳膊肘被碎石磨得血肉模糊，头部差点儿就撞在耙矸机的支撑腿上，安全帽也被甩到耙矸机的下部。见我摔倒，他们赶紧将我扶了起来，一个班长模样的人捧着我流血的胳膊满脸歉疚地说：“对不起，对不起……想不到用灯照了你一下就让你摔了个跟头，真的对不起！”看见他们沾满煤屑的面孔、愧疚的眼神，我把怒火压了下去。

我奉劝工友们在井下作业或行走时，千万不要用矿灯往别人的脸上照射，这样既不礼貌又不安全。干煤矿这一行就得处处小心谨慎，事事严肃认真，否则，突如其来的意外事故会让人措手不及。

65. 乘坐人车荡“秋千”差点儿丢命

我（王某）从事煤矿工作时间也不短了，井下、地面都干过。回想在井下工作的日子，有一件事让我刻骨铭心、终生难忘，我为这件事付出了血的代价，不妨给工友们讲一讲。

记得那年3月25日，是我在煤矿机电队上班时的第一次下井，此前我经过入井前的各种规章制度学习培训，并考试合格。当天班长派我同另外3名员工一同去更换坏了的皮带机支撑架。我们一行4人扛着支撑架来到工作地点，在师傅的带领下顺利地换好第一个支撑架。在工作的过程中，作为徒弟的我喜欢东张西望，被人行上山的吊挂人车吸引住了。由于我是第一次乘坐吊挂人车，感到新鲜，此时忘了安全规程和师傅的嘱咐，只感觉很好玩儿，跨上吊挂人车甩来甩去荡起了“秋千”。匀速运转的吊挂人车把我送了一程，就在我玩得正高兴的时候，突然听到一声巨响，吊挂人车打在绳轮上，把我连人带座一齐绞在了牵引钢绳上，顿时我的胸部被座架与钢绳牢牢地夹住，无法动弹。我觉得大脑一片空白，感觉就像被压在了巨石下，呼吸越来越困难，而此时我离绳轮越来越近，我拼命地挣扎着，使尽全身力气脚下一蹬，从钢绳上摔了下来，被过路的员工发现后通知了救护队救上矿井。事后安全员告诉我：“你好险哟，再晚一点儿掉下来被绳轮压到，你就没命啦！”虽然我保住了性命，但付出了右手食指和中指粉碎性骨折的代价。

多年过去了，我已经被调到矿机关工作，可是每当我回想起当时的情形就感到后怕。为了让所有的工友能从我的经历中吸取教训，我经常和井下的工友讲起我的“光荣经历”，希望工友们能引以为戒。

66. 违规放炮致班长死亡

从煤矿退休的父亲时常对我（苏某某）讲，他至今不能忘记的一件事情，就是发生在他开始工作不久的一次违章事故，这次事故使他的一名工友永远地离开了人世。

那一年，父亲才 19 岁，在掘进工区干掘进工。他所在的班组有 6 个人，年龄最大的是班长马某某，21 岁，结婚两年，有一个不满周岁的女儿。年龄最小的是魏某，刚满 18 周岁，是刚刚来矿 3 个月的新工人。那天同往常一样，由班长马某某带领他们在井下西大巷施工。在放炮时，出现了一个哑炮，班长马某某决定连好线再放一次炮。当时放炮时使用电缆连接，通过合闸起爆。根据规定，谁连线谁合闸，但就这条最重要也最平常的规定被班长忽视了。他决定连好线之后让魏某出去合闸起爆，并且约定等他连好线后，摇晃矿灯作为合闸信号。为了保证安全，班长在连线时让其他工友退出现场，他一个人小心地工作。由于合闸地点距离放炮地点比较远，其他人往外走时，头上摇晃的矿灯让负责放炮的魏某以为是合闸信号，于是他想都没想就把开关合了上去，而此时，班长刚刚把那个哑炮连好线。“嘣”的一声巨响，班长倒在血泊中，一块矸石削去了他半个脑袋。当工友们跑进来时，班长已经永远地闭上了眼睛。一个美满的小家庭刹那间支离破碎，不满周岁的女儿再也感受不到宽厚的父爱，年轻的妻子失去了依靠。工友们号啕大哭，却再也无法挽回他年轻的生命。谁连线谁合闸，当时已经成为规章，但由于班长工作马虎、图省事，对规章制度认识不够，工友之间沟通不好，造成了这次惨痛的事故。

我父亲在经历过这次事故后，一直按章作业，直到退休也没有出现违章作业的情况，他常常提醒我说："干活儿一定要按规章干，因为规章都是用血泪换来的，千万不要怕麻烦、图省事，该咋干就咋干，要不会给自己带来危险，给家里人带来痛苦。"

67. 脚下打滑，手中的铁锹随着皮带飞了出去

那年6月15日，是我（刘某某）终生难忘的日子。那天早晨，班前会结束后，班长安排我与工友小马到污水处理站处理污泥输送皮带跑偏的故障。

到现场以后，正好赶上皮带机检修时间，我们俩就赶紧干了起来，并且很快就干完了。说实话，这种活儿我们常干，只需重新调整固定螺栓即可。可当皮带机重新运行时，我们发现刚才的螺栓调整并不到位，皮带依然有些跑偏。当时天气非常炎热，再加上污水处理站温度比较高，热气逼得人喘不过气来，我不免焦躁起来，一心想着赶紧把活儿干完，好找个地方凉快凉快。于是我让小马到皮带滚筒位置观察，自己顺手拿起当班操作工的铁锹，想用铁锹把皮带撬过来。其实这是我们处理皮带跑偏故障时的习惯性违章行为，大家都这样干过，也没出过错，所以我俩谁也没当回事。

不幸的事情还是发生了，因为皮带机正在运行中，加上我用力有些猛，我的身体突然失控，脚下打滑，一下子摔倒了，手中的铁锹随着皮带的转动飞了出去，快速向小马飞过去。多亏小马反应迅速，及时躲过了铁锹头，可铁锹把还是打在了小马的身上。由于打击的力量很大，加上小马穿衣较少，致使他右侧肋骨骨折。

这起事故给小马带来了伤害和痛苦，也给企业带来了损失，而我自己也一直饱受精神的折磨，悔恨不已！虽然事情过去几年了，但它时刻提醒我，在工作中一定要吸取教训，坚决杜绝习惯性违章行为，只有这样，才能保证生产安全和家庭幸福。

68. 特殊岗位串岗“帮忙”，好心干了坏事

“安全活动月”期间，我（余某）帮矿安全科整理事故案例宣讲材料。整理过程中我发现，很多事故的发生，是由于特殊工种岗位擅自串岗帮忙造成的。

去年的一个中班，维修电工李某强和钳工张某某在当班安全负责人李某鲜的带领下，一起到运输巷换皮带。到现场后，李某鲜安排钳工张某某和他一起拖旧皮带，李某强负责操作机车。由于李某鲜和张某某二人力量较小，拖皮带非常吃力，李某强便摁下按钮后上前帮忙。李某鲜见李某强主动帮忙，便安排李某强顶替他，站在他原来的位置，而他则爬上机头架，一只脚站在机头主滚筒上，一只脚跨过机头架蹬在巷道帮上，准备 3 人合力拖皮带。忽然，李某鲜一个趔趄，站在主滚筒上的那只脚掉进了两个旋转的滚筒之间，旋转的滚筒当即就把李某鲜的腿卷了进去，李某鲜腹腔被挤压当场死亡。

其实，煤矿特殊岗位串岗“帮忙”的现象在我们身边非常普遍，比如井下电工帮钳工、钳工帮电工、皮带机司机帮变电工合电闸等，举不胜举。还有一次，某矿井下变电工因有事要离开一会儿，让皮带机司机帮他盯一下工作。就在变电工离开 5 分钟左右的时候，整个变电系统跳闸，四处一片漆黑，“好心”的皮带机司机借助自带矿灯灯光走进变电所，一口气合上了所有开关的闸，可由于对工作不熟悉，把一台不该合闸的电源开关也合上了，强大的高压电流把同一巷道另

一端正在处理线路故障的电工当场击晕造成高度烧伤。

由此可见，特殊岗位的规范操作涉及生命安全，不是任何人都可以操作的。特殊工种岗位串岗“帮忙”，稍不注意就可能好心办成坏事，希望大家引以为戒。

69. 凭老经验带压检修受伤害

“遵章守纪安全在，麻痹大意事故来”，我们经常把诸如此类的安全警句挂在嘴边。可在日常的工作当中，尤其是生产出现问题时，往往忽视了它的存在，将安全规定抛在脑后。有一些人总凭着自己所谓的“经验”行事，结果为此付出了惨痛的代价。在我（孔某某）的身边就发生过这样一件事。

那年 9 月 16 日 21 时，制氢车间加料岗位正在运行的磁力泵有异常情况，操作工小刘立即更换备用泵进料生产。接到报告后，我作为当班工段长和检修工老周赶到现场查看，经盘车检查判定为泵内静环损坏，需要拆泵修理。按照规程必须先停车泄压后才能开始修理。于是，我赶快去生产调度室询问氢气使用情况，调度员告诉我此时正是成品车间触媒还原的关键时刻，一旦氢气中断供应后果严重。不能停车泄压如何维修损坏的磁力泵，倘若另一台泵此时再出问题那可怎么办?

当我回到加料岗位时，只见老周正拿工具拆卸泵的螺栓，我急忙提醒他:“泵内有压，不能拆卸!”“没事，我带压拆过，将进出口阀门关闭后，先松开两个螺栓让料液淌一会儿就行了。”看他说得很有把握，又解决了我的难题，于是我就没有再阻拦他，只问他需要采取哪些防护措施，“你去准备点儿硼酸洗手就行了。”我看着他拆了两个螺栓也没见料液喷出来，于是就放心地找硼酸去了。

等我拿着硼酸往回走时，远远地就听见操作工小刘的喊叫声："周师傅让料液喷到脸上了！"我马上向车间跑去，只见小刘正用水管给周师傅冲洗，我也赶忙将硼酸粉大把大把地撒在他的头上、身上。借着灯光一看，周师傅面部红肿，不知是因为寒冷还是疼痛，他浑身发抖。"赶快送周师傅去医院！"我一边高喊一边背起他就往外跑。

到了医院，医生立即给周师傅进行了紧急处理，这时我才有时间问怎么回事。小刘说："谁也没想到，在卸最后一个螺栓时料液突然喷出来，周师傅躲闪不及正好被喷到脸上了！"此时我才意识到自己犯了一个多么严重的错误，带压设备不泄压不准维修我比谁都清楚，但却默认了周师傅凭经验带压维修的做法。化学品生产设备维修作业必须戴护目镜、手套等防护用品的规定，这次忙于抢修作业我也忘了。维修作业必须制定应急防范措施，设立监护人，而我却离开现场去找硼酸。一连串的错误行为导致了这次事故的发生。

望着周师傅那红肿的脸，我心里十分内疚。如果料液溅入眼睛，那后果可就严重了，我如何向他的家人交代？又如何向公司领导交代？万幸的是料液没有进入眼睛内。经过治疗周师傅很快就康复了，但我却始终不能原谅自己的过错。

今天，我之所以将这件事讲出来，就是衷心希望大家能从中吸取教训，引以为戒，那种全凭"经验"行事的做法是万万靠不住的。为了你和他人的幸福，请自觉遵守安全规定！

70. 自己疲劳睡觉，班长被埋煤堆无人救

谷某是个在农村长大的小伙子，父亲是矿里的老工人，18 岁那年他被招工到矿里当了一名采煤工，开始了他新的人生旅程。

在矿上工作时间长了，谷某渐渐和工友们混熟了，茶余饭后觉得无聊，便和工友们凑在一起玩牌打发时间。开始时能掌握时间、分寸，适可而止，但到后来却三元、五元地小赌起来，有时从下班玩到上班，打乱了正常的作息时间，睡眠严重不足。从此，谷某经常拖着疲惫的身躯，带着满眼的血丝摇摇晃晃地去上班。

这一天，谷某上夜班。夜里 11 点半，他还在牌桌上“拼搏”。就在这时，班长在楼下高声喊他去上班。副班长和另一名工人有事请了假，班里人手太少。听着班长急促的喊声，谷某无奈，只得离开牌桌更衣上班。

由于劳力少，除了推车、开溜子、拖材料的人员外，就只剩下班长和谷某两人在工作面采煤。谷某强打精神同班长配合，一口气采了好多煤，这时班长发现溜槽内的煤已漫到工作面，立即叫谷某沿途去查看是什么原因。本已疲劳过度的谷某听班长一说，立即放下手镐离开工作面，来到溜子道。谷某看到溜子已经停开，心想肯定是装车斗口暂时没有空车，何不趁此机会休息一下。他赶紧躺在了煤堆上，由于实在困得厉害，没过几分钟，便沉沉睡去。

不知过了多久，谷某只觉得带着矿帽的头部遭到了重重的一击，一下翻身坐起，强睁开眼睛，猛然发现班长站在跟前，手提木棍，瞪着吓人的眼睛，全身发抖。“班长，你为啥打我？”谷某被班长这架势吓呆了。此时的谷某知道可能是工作面出了情况，顿时睡意全消。

到了工作面，谷某看到未被完全支护好的柱子下面堆着一大堆煤，行人已相当困难。接着班长讲述了刚刚发生的惊险一幕……

原来，谷某离开工作面后，班长为了抢进度，一个人继续作业。由于煤层特别松散，正当班长不停地装运时，顶板上的煤层突然垮落，未及时抽身躲开的班长被垮下的煤逐渐埋住。好在班长被埋至腰部时，煤层未再继续垮落。情急之下班长大声呼叫，却无人来施救，只得用双手扒煤，凭着求生的本能，几分钟后硬是从齐腰深的煤堆里挣脱了出来。多险啊，假如班长不能及时自救迅速脱离险境，假如煤层煤层再次垮落，一场恶性顶板事故将不可避免。

时过境迁，这件事已过去了将近 20 年，班长和谷某回忆起当时的情景，仍心有余悸。

71. 盲目查看现场差点儿受伤

在煤矿工作了半辈子，我（马某某）耳闻目睹了身边发生的各种事故，自己也经历了大大小小很多次危险，唯独有一次事故我终生难忘。

那年 6 月，116 采区通风上山垮塌，造成风流短路，致使工作面无法正常供风。我接受了疏通修复上山、尽快恢复生产的任务。从下往上一路修来，倒是很顺利，很快只剩下最后 10 米了，这也是最困难的 10 米，整个巷道被垮落的岩石完全堵塞。由于巷道坡度达 38 度，松散的岩石随时都有往下滚落的危险。第二天早班，几名矿领导与我一起到了工作地点，根据现场实际情况，决定采取放震动炮的方式将岩石强行震松垮落。装好炸药疏散人员后，随着一声炮响，大量的矸石滚落下来，持续了近半个小时。

为了查清现场情况，我与其中一名领导小心翼翼地沿巷道一侧爬了上去，发现巷道还没被完全疏通，巨大的矸石横七竖八地躺在上山。这一段上山是非常地段，坡度极陡，哪怕上面掉下一小块矸石，都能飞起伤人。我们在了解情况后沿通风上山往回疾走。越是怕什么就偏偏来什么，就在我距平巷约 10 米远的时候，后面突然传来了矸石滚落的巨大轰响声和观察人员大声呼喊声。我的第一反应就是逃命，拼命往下跑，想着只有赶在滚落的矸石追上我之前跑完这十几米下山，跑到平巷，我才能活下来。

也许我命不该绝，当我连滚带爬地跑到平巷，刚躲在矿车一侧，十多块几百斤重的大矸石与我擦身而过，好险啊！当时我瘫软在地上。和我一起查看情况的那位领导同矸石一起滚落下来，被矸石砸成重伤。

事后，有人说我命大，而我在庆幸自己没有受伤的同时，反复思索着另外的问题：如果我们采取了防范措施、做好自主保安还会在可预见的危险面前那么惊慌失措吗？如果我们再谨慎些还会有这件事情发生吗？我们在没做好充足的准备工作前就去察看现场难道不是违章操作吗？我们一行人中有领导、有工程技术人员，对安全规程及施工措施都再熟悉不过了，事前也认识到了危险性，采取了一些临时措施，可还是出了事。究其原因：一是自主保安意识不强，措施不到位，存在撞大运的侥幸心理；二是重生产轻安全思想在脑海里作怪，一心急于修通上山恢复生产，没有更加严密的防范措施；三是违章指挥、违章操作，没有严格按照作业规程组织施工，险些付出了生命的代价。

72. 图省事不停机清理浮煤痛失右臂

我叫刘某某，曾经和大家一样，有一个健康的身体、一个幸福的家庭。由于我的一念之差，酿成灾祸，造成终生悔恨。

我原是煤矿综采队的一名皮带机检修工。那年 3 月 19 日，我上晚班，在综采工作面检修皮带机。20 时 30 分，我和工友老白开始抽带，半小时后，抽带工作结束，随即开始调带。当时我和工友小郭在皮带机内侧调带，老白等人在外侧边观察边调带。21 时 55 分左右，由于转向滚筒与皮带间积有浮煤，本应停机后再清理，但我却图省事，用旋具清理夹在滚筒和皮带之间的浮煤。突然，我的棉衣袖子被滚筒夹住，将胳膊带了进去。虽然保住了性命，但我永远失去了右胳膊。一开始，我无法接受这个事实，每当与别人谈起自己受伤的经过，心中就充满了懊悔，就因为我的一念之差，留下终生遗憾，多次产生过轻生的念头。没有了右臂，给生活带来了许多不便，就连平时简单的洗脸、穿衣服都得从头学起，更别说洗衣、做饭、换煤气等活儿了。妻子本来身体就不好，这就更加重了她的负担。后来，妻子因患病需手术，作为丈夫，在妻子最痛苦的时候，最需要照顾的时候，我却不能担当起照顾她的责任，我感到自己就是一个废人，还需要病痛中的妻子反过来安慰我，我感到羞愧极了，后悔极了。

73. 一次违章把要好的哥们儿撞伤致残

曾经，我们在一起工作和学习，他那健硕的身材让我羡慕不已。如今，每当看见他那残缺的身体，我（王某某）只能远远地、默默地望着他，无颜面对。

那一年，我和罗某某一起被分配到煤矿任掘进工，我俩年龄相近，兴趣相投，很快就成了要好的哥们儿，上班一起忙碌，下班一起喝酒。但怎么也没有想到，由于我工作中违章放跑车，不但把要好的哥们儿撞伤致残，也深深地害了他的家人。

那是两年前的夜班，班长安排我们在S1627南瓦斯巷搞运输，我负责开绞车，有4人负责上、下磨盘，罗某某随班长在碛头工作。当天夜班出矸石量多，我已记不清提升了多少重车和空车了，时间在一分一秒地过去，我们都感到十分疲倦。这时，不知谁兴奋地喊了一声：“搞快点儿，矸石已基本出完了，再提3钩重车就能下班了！”

我看了下手表，已是凌晨 4 时 30 分了。为了早点儿下班，我下意识地松开了绞车的工作闸，让矿车向下飞快地滑行。哪知道，由于碛头风压小，班长安排罗某某上来打电话询问风压情况。当罗某某看见矿车飞速往下跑时，想进入躲身硐已来不及，因放跑车造成矿车下道，下道的矿车将罗某某撞倒，造成他右腿胫骨骨折，背部擦伤。

经过这次事故，我深深地自责。我要对工友们说：井下工作一定要遵章守纪，按规程办事，不能贪图一时之快，害人害己。

74. 工作疏忽导致眼睛被伤

那年春节，我（雷某某）是头缠纱布在黑暗中度过的。那次，我遭到意外的伤害，差一点儿双目失明。腊月二十四，我们矿准备一个新的采煤工作面，由于时间紧张，矿上安排我们液压车间在 8 小时内把液压管路安装好。我们以最快的速度把液压管路从泵站接到工作面，提前完成了任务，每个人都很兴奋。

接好管路后，只剩下最后一个环节，即开泵试管路是否畅通。经验丰富的老师傅景某某照顾我们年轻人说："你们坐那儿歇一会儿，让我来试。"我和另外两名工人就坐在巷帮离景某某 2 米远的后方歇息。景某某手拿管子头，等着泵站启动。很快，管子就鼓起来，说明液压泵启动了，可左等右等不见水从管子头喷出。景某某自言自语："这是怎么回事？不像是中间跑水了，管子这么硬，压力也不小。"他分析，在管子与管子对接的时候可能有煤粉进到管子里，一节进一点儿，几百节就很多，最后煤粉被高压液体挤压到管子头处把管子堵死了。当时我们的车间主任也在现场，他说："对，你分析得很有道理。"景某某拿起管子就在单体支柱上摔起来，想通过这个办法使堵死的管子疏通。一下、两下……在摔通的一刹那，只听"唰"的一声，液压软管迅速地左右摇摆。此时我的双眼被高压煤泥流击中了，我顿时眼冒金星。“我的眼！我的眼！”我大喊起来。二十多年工龄的景某某万万没想到那管子会调转过来，煤泥如子弹一般击中我的双眼。周围的人连忙搀着我升井将我送到矿医院，眼科医生给我洗了一遍眼睛说问题不大，不会影响视力，我那颗悬着的心这才放了下来。第二天，我的两只眼睛肿得像两个鸡蛋。一个月后，我的眼睛慢慢地康复了，可眼球里却留下了几点青印子（煤泥进到眼球晶体，洗不出来）。

有了那次教训，我们车间再装液压管路的时候，都注意管子对接的时候不让煤粉进入，另外，试管子的时候，都是先把管子绑结实了再开泵。如果管子堵塞，就用铁钎子在管子上敲打，这样就非常安全了。

75. 工友上班睡觉差点儿要了我的命

那年，我（罗某）被从采煤队调到机电队当了一名皮带机司机。那天早班，我和工友杨某某负责开采煤三队运输巷皮带机。运输巷共有两条皮带机，第一台皮带机的开关在皮带机头前四五米远处，那里有一个用杂物搭起的“安乐窝”，司机在这里就可以远程操作皮带机运行。来到第一台皮带机头，杨某某对我说：“兄弟，今天我开第一台皮带机，昨晚打了一夜的牌，没睡觉，现在还困着呢，等会儿照顾着点儿。”他说完就倒在“安乐窝”里开始打起盹儿来，我只好去开第二台皮带机。这一天从工作面采下来的煤炭特别多，皮带机一直是满负荷运行。大约过了两个小时，一种皮带燃烧的橡胶臭味迎风吹了过来，一种不祥的感觉顿时在我脑海里闪现。我急忙停止了第二台皮带机，又打信号又打电话，可杨某某那边没人理，电话也不接，他肯定睡着了。这时，一阵浓烟向我扑面而来，巷道里全是烟，什么也看不见，燃烧的橡胶臭味熏得我呕吐不止。我一只手捂着鼻子，一只手摸着皮带机架杆，踉踉跄跄地朝机头方向逃命，也不知走出多远就不省人事了。等我醒来时，发现自己已躺在医院的病床上。这时杨某某拉着我的手说："你已经昏迷了十几个小时，把我吓死了！"

事后我才得知，当时装煤炭的煤堆太大了，煤炭堆到了皮带上，皮带机滚筒与皮带摩擦打滑产生了有毒有害气体。工作面的其他人员闻到异味时也有不同程度的呕吐，但都迅速向回风巷进行了撤离。谈起那起安全事故，杨某某深有感触地说，幸好用的是阻燃皮带，没有造成火灾，皮带被磨断后脱离了滚筒，不然后果不堪设想。

76. 冒险蛮干让我痛失三根手指

我（李某某）曾是煤矿的一名瓦斯抽放工。如今的我最怕在别人面前伸出自己的右手，因为我右手的中指、无名指和小指已大部分被截去，留下的部分非常难看。这一切都是我违章操作、冒险蛮干酿下的苦果。

记得那是两年前的一个中班，我和工友刘某一起被分配到 N1630 下瓦斯巷打抽放孔。到了工作地点后，我们首先翻阅了上个班的交班记录，发现我们接着要打的孔是一个比较难打的平孔，仰角为 53 度。在对准角度调整好钻机跑道后，我们便打起孔来。由于该处地质构造复杂，打到 10 号抽放层时，钻机频繁地出现卡钻现象，孔内水量明显减小，还不时伴有大量瓦斯喷出。见此情况，我赶紧对工友刘某喊："快停机，如果钻杆断在孔内麻烦就大了！你赶紧去跟队里汇报情况，我先把钻杆拉出来！"刘某坚决不同意我单独拉钻杆，说道："操作规程上规定钻杆下放必须用钻机接，而且现场至少要有两个人配合，你可千万别胡来呀！”我摆摆手，露出不屑一顾的神情。“你就是胆子小，等你跑一趟回来菜都凉了，哪里还有时间打进尺！”说着，我便左手拉开卡钻杆的平面扳钳，右手抓住钻杆慢慢往下拉。刘某见我接连拉下几根钻杆都没出现问题，也就没有再坚持。结果，危险就在他走后 10 分钟发生了，由于我卡钻杆时用力过大，已老化的平面扳钳突然从顶端断裂，没被卡稳的多根钻杆“哗”的一声就从高处滑下来，猛地戳在我还没有来得及缩回的右手上，当场造成 3 根手指断裂。

每每想起那一幕，我就后悔不已。如果当时不是图快而违章蛮干，自己也就不会受伤。失去手指时那种钻心的疼痛，至今让我难以忘记。在这里我要特别提醒工友们，在井下一定要按安全操作规程作业，千万不能再让类似的事故发生。

77. 一时麻痹大意，右手臂被缠绕在钻杆上

我叫贾某某，是煤矿的一名瓦斯抽放工，对股票太痴迷，有一次钻孔时，还一心想着炒股的事，麻痹大意导致右手臂被缠绕在旋转的钻机钻杆上受到严重的伤害。如今，每当听到那些不懂事的孩子叫我“独臂侠”时，我就心如刀割。

那是几年前的一个夜班，我与另外两名工友到 S1627 回风巷进行预打钻孔作业，一路上我们都在谈论有关炒股票的事，工友说他老婆炒股半年就挣了两万多。凌晨 2 时 50 分，我们到达工作面后分工协作，工友张某某负责操作钻机，我则负责钻孔。对炒股早有兴趣的我知道他们在炒股时，更加心动，我们一边工作，一边继续谈论着股票，并决定早点儿下班自己也去买几千元试试。于是，我违反操作规程，一次性接了 4 根钻杆。由于用于钻进过程中排粉的压风皮管较

长，我们就将压风皮管先挂在碛头支架上，再绕回到钻机后面的钻杆尾端，开动钻机进行钻孔作业。看到压风皮管被缠绕在旋转的钻杆上，满脑子做着炒股票发财梦的我，根本没考虑人的力量远不如机器大，就用右手去拉皮管，想把压风皮管拉下来。没想到，皮管没拉下来，我的右手臂却被猛地缠在了旋转的钻杆上，一阵钻心的疼痛使我晕了过去。当我醒来时，已在医院，看见右臂“不翼而飞”，当时，我真想死。

工友们，违章操作本身是一种不可原谅的错误，加上我工作时思想不集中，整天异想天开，是对自己生命、家庭不负责任的表现。珍爱生命，要从严格按照每一道工序的操作规程做起。

78. 实习生的鲁莽行为让我付出了沉重的代价

我叫赵某，那年 2 月从学校毕业到精蜡厂新联合车间学分馏技术，由于学习时间短，还没能单独顶岗。一个星期天上午 11 时左右，厂部化验室通知我们取一个油浆样品做馏程分析。当时主操作员正在操作台前写记录，主操作员让我和一名实习的女学生一起在油浆泵的泵出口放空阀处取样。

以往常规取样非常简单，先打开取样口加热盘管的蒸汽阀加热，再打开取样口手阀放油就可以了。但是这个泵出口放空阀没有加热盘管，从放空阀往下是一根长约 1 米、直径 20 毫米的细钢管。因天气较冷，油浆密度较大，管内有凝固的残油，所以我拿消防用的蒸汽管对放空阀及细钢管进行外部扫吹，以疏通管线。吹了几分钟还没有疏通，这时食堂的送饭车已经来了。看到大家都在打饭，女学生有些着急，就把放空阀全部打开了，我仍旧用蒸汽管继续扫吹。又过了大约 8 秒，只听“嘭”的一声，带着巨大的压力，300 ℃高温的油浆一下子狂喷而出，冲在地面上又反弹回来，溅得我身上到处都是。我想冲过去关掉放空阀，但是油温太高，在泵口形成了大量白色烟雾，几次过去都找不到阀的位置，我的右腿感到一阵剧痛。正在我惊慌失措的时候，师傅和班长跑过来先停掉了油浆泵的电，卸掉了泵压，关掉了放空阀，从而避免了一起更严重的事故。那名女学生因为离得较远，没怎么受伤，但我却因为她的鲁莽行为付出了沉重的代价，在医院里住了 20 多天。

如今，一晃 4 年过去了，我也早已独自顶岗并且带起了徒弟，只要有空，我就会给工友们讲我曾亲历过的这次事故，告诫他们工作中时刻要把安全放在第一位。直到现在，我右腿上还留有一块比巴掌还大的伤疤。

79. 不认真穿防护服导致胳膊被烫伤

我叫唐某某，我的右胳膊上有一块褐色的疤痕，每次看到它，我心里都会涌起一种说不出的后悔。那是几年前的一个夏天，天气特别炎热，可尽管如此，班长还是要求我们穿戴好劳动防护用品。

我那时才上班没多久，老老实实地戴着安全帽和师傅一起巡检挂牌。我才走了一会儿，就感觉戴着安全帽很累，衣服的后面由于出汗湿了一大片。看到师傅依然不动声色地工作着，我也没敢发牢骚。

下午，我和师傅去开启泵。天气实在是太热了，我高高地卷起了袖子，拿着扳手走在师傅前面。师傅提醒我，你的袖子可不能卷起来啊，这样不安全。干了一天的活儿，我心里早憋了一肚子的气，你们也太难为人了，这么热的天，我都规规矩矩地戴安全帽、手套，哪一样没听你们的？一个衣袖也要管，能出什么安全事故？我不理师傅，快步低头向前走。开启泵的工作我已经会了，可今天这台泵的出口阀被一个还没有被拆的脚手架拦着，扳手卡在阀门的手轮里任我怎么调换方向也使不上力气。师傅要来帮忙，我窝了一肚子火，说："不用。"我咬着牙，暗暗运了点儿力气，使劲儿一扳，阀门活动了，可是由于巨大的惯性，我脚下并没有站住，身子向前倾斜过去。这下可好，露出来的一大截胳膊一下子贴在了连接泵体的管线上。管线的温度大概有 100 ℃，当时烫得我一声大叫，扔了扳手抱着胳膊蹲在地上。师傅也吓坏了，马上把我带到自来水处冲洗降温，可是那钻心的疼痛还是让我至今难忘。烫伤的部分红肿后起了水疱，留下的疤痕一直没有完全褪去。

事后，我也冷静地分析了这件发生在我身上的事故。如果我不和师傅赌气，如果我能真正理解安全的重要性，如果我能懂得安全就体现在细节中，那么我也不会留下这道伤疤。

80. 装夹工件违章不停车，麻花钻绞死人

有一年 1 月 10 日，我们机械厂机加工车间发生了一起钳工装夹工件不停车，被摇臂钻床麻花钻绞死人的事故。

发生事故的职工叫黄某某，40 岁，在钳工岗位干了 4 年，平时工作还算可以，但性格内向，不善与人沟通。这天下午上班后不久，黄某某在摇臂钻床加工 276Q 微型汽车发动机缸体平衡轴孔时，由于贪快、赶工时，竟违章操作——装夹工件不停车，结果在插定位销的时候，被转动着的钻头绞住了衣袖。随着钻头的转动，衣服越收越紧，黄某某一直被绞到颈部。黄某某大声叫喊起来，工段长陆某听见叫喊声，马上跑过来切断钻床电源，接着该车间工友何某、魏某等人急忙跑过来，用手反转主轴把钻头卸下，将黄某某解脱下来送往厂医院。经厂医院初步治疗后黄某某被用车送到市工人医院抢救，黄某某

因颈椎骨折导致高位截瘫。黄某某最终因发生全身感染，经抢救无效死亡。

这个事故的发生，与黄某某当天的情绪有关。他在出事前一天因家庭经济问题与爱人吵架，爱人一赌气就携带女儿回乡下去了。由于家庭不和睦，加之黄某某性格内向，背着沉重的思想包袱上班，闷闷不乐，只顾埋头干活儿。发生事故的当天工厂发了工资，黄某某领到工资后一心想快点儿完成工作好回家看望老婆孩子，所以在工作中贪快、赶进度，装夹工件时不停车，加上注意力不够集中，结果出了事故导致死亡。

机床操作规程明确规定：调整机床速度、行程、装夹工件和刀具，以及擦拭机床时都要停车进行。因此，这次事故，黄某某应负直接责任。但是，如果班组长和班组其他成员能够关心他，及时跟他做些沟通交流，多劝解几句，也许他的情绪就会好一些，也许就不会发生这次事故了。

81. 违反规程操作险些让我瘫痪

“嘭”的一声重击，像是被一个铁锤砸在腰上。这一砸，差点儿让我瘫痪。多年前的一次事故令我终生难忘，使我认识到：在工作中一定要严格按规程操作，重视安全细节。省略安全操作程序，图快、图省事的想法万万不能有，否则很有可能会造成安全事故。

我是煤矿的一名井下采煤工人。那年 2 月 2 日在班前会上，值班队长对我们班的生产任务进行了安排，并且像往常一样再三叮嘱我们，作业时一定要将安全放在第一位。我随班组到达工作地点后，看到现场能用于码墩支护的矸石不够，于是就叫工友小陈先码，自己到采空区取矸石。当我凭感觉打好两根临时护身点柱后，转身准备打第三根护身点柱时，不幸发生了。只听“嘭”的一声，井下顶板掉落了一块矸石，正好砸在我的腰部，当时我就不省人事了。这次事故使我的腰椎、左侧肋骨骨折，险些造成瘫痪，休养了很长一段时间我才重回工作岗位。

事后，我仔细学习了煤矿安全规程。规程明确规定：用带状充填法控制顶板时，必须在垒砌石垛带之前清扫底板上的浮煤，石垛带必须砌接到顶，顶板下和垛墙上的缝隙应用石块儿塞紧。需从 2 个石垛中间取矸石时，必须首先将顶板的活矸石用长柄工具处理掉，设置临时支护，并与采煤工作面相接，采矸石人员应在临时支护保护下进行工作，并有人观察顶板。但是我在实际工作中却没有事前将顶板进行处理，还把同伴支开独自作业，这才导致了事故的发生。

在区队帮教会上，我对自己的行为做了深刻的反省。

通过这次事故，我深深地认识到，一定要时刻绷紧自己安全这根弦，注意各个细节，严格按章操作。从那以后，我每次下井，都会事先观察工作环境，排除各种隐患后再施工，此后我再没有发生过类似事故。

82. 作业时不注重安全被标语牌砸中

发生在我身边的事故很多，大多没有了记忆。但是有一次事故，是我（刘某某）一辈子也不会忘记的，因为那无尽的伤痛和折磨已在我脑海中留下了深深的烙印。

一起事故，一起本不该发生的安全事故，是那样悄无声息地降临到我的头上。

那年 2 月 5 日，作为一名机械钳工，我和往常一样奔波在生产现场。当时，分厂正在抓现场“5S”管理，各车间积极行动，对生产现场进行大整顿。这天中午，班长安排我和同事小高拆除厂房内的3块标语牌。我俩干得很顺手，利用中午时间，顺利、安全地取掉了2块标语牌，准备下午上班后继续拆除车间中部南侧的最后一块。可是该如何拆除呢？要知道这块牌子挂得足有5米高，长6米，宽1.5米，质量约200千克。为了安全地拆除，我俩想了几个方案：一是用起重机吊住拆除，但因现场人手不够，且吊钩到不了墙边，无法实施。二是去车间仓库借大绳，用大绳拴住标语牌后再进行拆除，但是仓库的门锁着，又找不到仓库管理员，也没办法实施。我俩边说边干，搬来梯子靠在标语牌牛腿柱侧面，我在下边扶梯子，小高站在梯子上切割标语牌与牛腿柱的焊点。切割掉西侧的焊点后，又将梯子移到东侧切割。焊点共有3处，小高是从上向下依次切割的。当他切割完第二个焊点时，可怕的一幕发生了，标语牌突然坠落下来！此时我正站在牛腿柱东侧冷床平台的楼梯台阶上。标语牌坠落后，正砸在我的右腿上。我立刻被送到医院救治，被诊断为严重骨折，在医院医治半年才算痊愈。

2年多过去了，每次我看到自己曾经受过伤的右腿，每每回想起那可怕的一幕，仍心有余悸。若是坠落的牌子再稍微偏移一点儿，就有可能砸中我的头部。200千克的铁牌子从5米的高处坠落下来，后果简直不敢想象。

事故发生以后，我一直在琢磨这事，事故的发生，跟我们的安全意识淡薄和自我保护意识差有很大关系。当时，我们只是一味被动地去干领导交给的任务，想着只要按时完成就行，抱着“将就着不出事就行”的心理，没有积极主动地考虑过如何防范事故的发生。存有这种侥幸心理，不发生事故才怪。事故本不该发生，只因我们安全意识差，疏于自我防范，安全措施得不到很好的落实，才会导致悲剧的发生，这也是大家都应该吸取的教训。

83. 焊接时缺乏保护措施发生爆炸

我叫孙某某，那年年底发生的事故我至今仍然记忆犹新。每当想起那次焊工张某逃过的一次劫难，浑身就起鸡皮疙瘩。

那年 12 月 10 日，我们化工厂已经开车五六天了，进入两媒（变换触媒、合成触媒）升温还原阶段，设备开开停停，不是很忙。借这个机会，厂部决定把脱硫再生系统改造一下，加大脱硫能力，可以烧用一些价格低廉的高硫煤，这也符合企业增产增效、节能降耗的方略。脱硫再生系统改造，要加大富液槽的容积，增大储存容量，再生旋流塔的喷射器由原来的 6 根增加到 12 根。由于增大了脱硫液的循环量，脱下的硫黄泡沫增多了无处存放，就在富液槽上安装了一台硫黄泡沫槽，因其位置高于熔硫釜，可以不用泵抽即可打入熔硫釜内炼制硫黄。

因硫黄泡沫槽占去富液槽顶部大部分面积，富液槽只好在顶部开挖一个方便操作和维修人员进出的通气孔。那天 14 时 50 分，在脱硫再生系统施工的施工队为硫黄泡沫槽焊制护栏，焊接火花没有采取有效的隔离措施，溅至富液槽顶部通气孔内，点燃了富液槽内聚积的可燃气体。“轰”的一声巨响，一团火球随着爆炸声冲上天空，冲击波撕裂富液槽顶部盖板，把正在施焊作业的焊工张某掀落至富液槽下南侧，硫黄泡沫槽也被掀翻倒在离张某落地不远处，砸弯了电缆桥架，被斜撑在半空中。张某被高热气流灼伤了脸部和手腕，被及时送进医院检查治疗。

勘察过爆炸现场后，好多人感到心惊肉跳。如果不是电缆桥架把硫黄泡沫槽架住，张某非被砸死不可。真是不幸中的万幸！虽然张某只是受了点儿皮肉伤，但险些造成伤亡事故，引起了厂部领导的极大重视。一边开车，一边生产检修改造，在没有完全与生产系统彻底隔绝的情况下施工，这是十分危险的行为。为什么在施焊作业前不把富液槽加满水，或者进行彻底的清洗置换、取样分析呢？相关人员严重忽视了这一点，糊里糊涂地办理了动火作业票证，是一种严重失职、极不负责任的表现。

张某捡了一条命，而现场那一幕却够他牢记一辈子了。

84. 野蛮回柱使他一步步迈进“鬼门关”

那年的一天夜班，我（颜某某）做好入井的准备后，和工友们等待班长老李分配工作。这天我被安排和老李一同放顶。到了工作面装好绞车，打好顶柱，并挂好了钢绳的钩子，干活儿利索的老李准备好放顶前的工作后，便命令我开绞车，我立即按住离合器开动绞车。由于受力较大，只听见“嘣”的一声，钢绳断成了两截。性急的老李不想因此而影响下班，于是他擅自改变作业方案，决定用锤敲斧砍的原始方法放顶。在场的人无人制止这种冒险行为，年少无知的我更没有意识到问题的严重性，仍然跟着老李进入了采空区。现在想来，我这是和老李正在向“鬼门关”迈进。我们一根接一根地敲着、砍着支柱，把所有发生在冒顶前的预兆当成了提醒我们下班的声音。

当我们俩干得正起劲时，突然一声巨响，棚顶来压，将棚子全部推倒了。顿时，巷道弥漫着一片煤尘，无论我把眼睛睁得多大，却什么也看不见，前所未有的恐惧从心头升起，我本能地不顾一切往后跑。等我跑到安全的地方，才发现自己身上冷汗直流，全身发抖，腿像灌了铅似地再也挪不动半步。我回过神儿来才猛然想到，老李还没撤出！随后，全班人员立即组织抢救。由于垮落面积太大，增加了抢救难度，做事风风火火的老李永远离开了我们。

事故分析认为，老李的行为违反了煤矿安全规程。煤矿安全规程规定：放顶人员必须站在支架完整，无崩绳、崩柱、甩钩、断绳等危险的安全地点工作。老李的野蛮回柱是一种典型的冒险蛮干行为，枉送了自己一条鲜活的生命，毁掉了一个幸福的家庭。这事对我触动太大了，教训十分深刻。在日后的工作中，我一直谨慎工作。工作时不能想当然地野蛮施工，而要尊重科学，按章作业。

85. 着急下班违规作业致工友受伤

我叫胡某某，是煤矿的一名掘进工。每当想起几年前的一次运输事故时，我就自责不已，因为自己的违章蛮干，险些要了同班工友的命。

那年 6 月的一个夜班，我和班组的 7 名工友一起被安排到 S 三区 1 号瓦斯巷打掘进。到了工作地点后，班长安排我在后面开绞车，让李某某和刘某某等 4 人负责运输。凌晨 5 点左右，眼看下班时间都过了，而矸石还有十多车没有被运出去，我心里就着急起来，在下放重车的过程中，我便故意加快了速度，结果在斜坡 50 米的地方矿车掉下了道。见此情景，我连忙停好车后跑去查看。矿车与钢轨摆成了骑马形，根本不容易被抬上道。我心里更急了，于是就急匆匆地找来李某某和刘某某两位工友，叫他们用撬棍使劲儿撬绞车钢绳，我开绞车试着将矿车拉上道。矿车在被拉动 2 米后，撬棍受力越来越大，李某某、刘某某在使尽全力后再也无法把撬棍按住。撬棍在钢绳强大的拉力下，猛地反弹回来打在了李某某胸部，李某某立即倒在了地上。

大家连忙把李某某抬出矿井送往医院，经过医院全力抢救，他的命终于被救了回来，但是撬棍的击打造成肝脏严重破裂，从此再也不能从事井下工作了。大家在为他惋惜的同时，也为他感到万幸，如果当时撬棍打在了头部或心脏部位，后果不堪设想。事后，矿上对我进行了非常严厉的批评教育，这件事让我终生难忘。在这里我要告诉工友们，在井下作业一定要认真负责，千万来不得半点儿马虎，一旦出了事故，会给自己和工友带来永远无法弥补的伤痛。

86. 着急作业忽视安全被砸伤

坐在电脑前，我（龚某某）用僵硬、残疾的左手两根手指吃力地敲打着键盘，回忆起 10 年前发生的那起安全事故，至今仍记忆犹新。

那时我是采煤队的一名放炮工。那天，班长安排我和师傅一起负责打工作面的炮孔，我跟师傅商量："今天我们搞快点儿，下班我还要和女朋友约会。"师傅默认了我的请求。因急于早下班，我们下了人车后便一路小跑来到作业地点，在没有检查工作面顶板是否完好的情况下就贸然忙着拖煤电钻、上钻杆等，由下到上在煤壁上打孔。正当我们师徒二人干得起劲儿时，煤壁上一大块矸石忽然垮塌下来，正好打在我放在单体支柱的左手上。撕心裂肺的疼痛使我大声喊叫，鲜血立刻流了出来。师傅小心翼翼地帮我把手套取下，发现食指和中指关节处血肉模糊，骨头被打断了，手指不能动弹了。为了防止失血过多，师傅慌忙把我的矿灯取下来，用电线把整个手腕紧紧地捆住。在几名工友的搀扶下，我被直接送到矿医院进行救治。

躺在病床上，疼痛使我辗转反侧，脑子里一遍又一遍浮现着受伤时的一幕。我后悔只为了早点儿下班就忽视安全生产规程，后悔没有按规定"敲帮问顶"，后悔自主保安意识不强……

87. 合理使用安全带救了他一命

那年 3 月 23 日 15 时 04 分，发生了一起一座在建的化工造料台顶板坍塌事故，造成12名工人死亡、2名工人受伤。这2名受伤的工人是喻某某和周某某。

相比那12名死去的工友，喻某某无疑是幸运的。事故发生前，他把安全带绑在混凝土的钢筋上，没有随着造料台顶板坍塌而掉下。死亡的工友都把安全带绑在了坍塌的顶板钢架上，造料台顶板坍塌的时候，工友们随着钢架一同掉了下去。虽然幸存下来了，但事故在喻某某内心划开的巨大伤口，却久久难愈。

在医院的病房，喻某某躺在病床上，病床边的女人穿着睡衣，挺着大肚子。“这是我的妻子，姓李，肚子里的孩子6个月了。”说到这里，他的嘴边露出了一丝复杂的笑意：庆幸自己大难不死，又后怕事故几乎给这个家庭，尤其是妻子和肚子里的孩子造成巨大伤害。

喻某某说，他干了七八年的木工活儿，从未出过大事故，那天的恐怖情景让他觉得不可思议。当时，他和工友们站在85米高的造料台顶板上作业，他正在架钢管，50岁的姑父向他递钢管。在没有任何先兆的情况下，喻某某突然感觉身子急速下坠，右膝盖像是撞到了什么硬物，传来一阵剧痛。瞬间过后，喻某某感受到了腰间一阵疼痛，接着身体悬在了空中，耳边响起了“轰隆隆”的杂音，但没有尖叫声，几秒钟后，周围突然变得无声无息。

面对突如其来的灾难，喻某某起初根本来不及思考究竟是怎么一回事。等过了好一会儿，他才想到这是发生坍塌事故了。他环顾四周寻找姑父的身影，他竭力呼喊希望能够听到姑父的回话，可是，听不到任何声音。理智告诉他：这可是85米高的高空啊……姑父走了，永远地走了。他从口袋里摸出手机，给妻子和表妹（姑父的女儿）各打了一个电话：“姑父走了……”他哭了，“我没事。”表妹哭了，妻子也哭了。

顶板坍塌了，但造料台的四壁并无大碍，吊带紧勒着喻某某的腰，疼得让他无法忍受。他发现身旁的混凝土造料台墙壁上有个大洞，就小心翼翼地爬了进去。他后怕地说："万一墙壁也坍塌了怎么办？现在想想还是害怕。"蹲在那个洞里，他拨通了求救电话。喻某某发现，除了自己还有3名工友幸免于难。4个人得以幸存的原因是一样的，他们身上都拴着安全带，都把安全带绑在混凝土里伸出的钢筋上。

喻某某的妻子李某是名家庭主妇，在接到丈夫的电话后，痛哭流涕，找了个亲戚带她到厂区。她挺着大肚子，一路颠簸到了厂区。现场抢救人员对她说，事发半个小时后，工厂的安全员用起重机把喻某某救了出来，已经把喻某某送到医院去了。李某如释重负，回头朝医院赶去。

喻某某并不大愿意回忆那天的场景，脑海中一出现那场灾难的画面，他就会想起自己的姑父，内心的自责就会加剧。他在事发前两天把正在找工作的姑父带到了建设工地。喻某某的姑父叫陈某某，50岁，靠几亩田地养活一家人。陈某某见喻某某在外打工收入不菲，就拜喻某某为师，向他学干木工活儿，没想到才干了几天就出事了。

喻某某说他姑父生前是个非常好的人，一天到晚乐呵呵的，爱说笑，谁知道现在却永远地走了。

班组安全分析

1. 人本管理是班组的法宝

我（赵某）所在的班组集宁工务段福生庄养路工区，是个有着57年悠久历史的老班组。班组员工长年累月驻守在贫困山区，自然条件恶劣，环境艰苦。凡是分配到这里的员工，就意味着要经受各方面的考验，意味着奉献。可我们却在极为艰苦的条件下，取得了安全生产57年无事故、安全天数位居全国铁路干线养路工区第一的好成绩。为此，许多人都问过我“为什么”，回顾班组走过的路，我觉得，人本管理是治班的法宝。

都说距离产生美，可我们一群大老爷们儿，天天工作、吃住在一起，东家长、西家短，彼此早没了距离，怎么才能让他们感觉到彼此的“美”和班组的“美”呢？几经思索，我决定先从满足大家的共同需要做起。

我发现，大家朝夕相处，都希望彼此关系融洽、工作环境和谐温馨。于是，我就比照一句老话去做，“喊破嗓子，不如干出样子。”工作上我不当“甩手掌柜”，身先士卒；生活中，我把大伙儿当兄弟，谁家婚丧嫁娶，我逢场必到，员工有困难时，我肯定要拉上一把。工作之余，我带领大伙儿改善生活环境，把宿舍建造得宽敞明亮，把业余生活搞得丰富多彩，员工还可以在班组图书室看书学习。渐渐地，穷山沟成了大家心目中的“金銮殿”，班组的凝聚力越来越强。

这年头要凭本事干活儿，班组新老员工都明白这个理儿。在铁路养护科技化含量越来越高的今天，养路工不再凭铁镐、大叉、撬棍吃饭了。小型机具维修、大型机械养路降低了劳动强度，提高了维修质量，可也增加了大家的危机感，不学习就不会操作，没专业知识就干不了活儿！于是，业余时间就成了大家学业务、练技能的好时机。我们还把课堂搬到施工现场，把规章制度和业务技能知识编成顺口溜，易于记忆和掌握，在班组形成全员学习、团队学习的氛围。

在班组的日常管理中，我基本不用硬性管理约束员工，而是让员工明白铁路线路质量是运输的命根子，是我们这些员工的饭碗，然后从“适合、合适”4个字上让大家找自己的位置。班里部队复员兵多，我们就把企业文化与军旅文化相结合，雷厉风行的战斗作风、规律的生活起居等，成为班组一道亮丽的风景线。除了建立公平、公正的奖惩机制外，我们还提倡民主管理，任何措施的出台和班组重大问题都要经过民主评议，比如评先评优不搞“一言堂”，要让工作业绩说话等。

如今，员工在人本管理色彩浓厚的小集体里快乐工作、快乐生活着。

2. 注重细节，一个“留神梯子”的小故事

青岛啤酒集团某生产车间为了方便工人上下楼，在一个角落里放置了一架活动梯子，用时就把梯子支好，不用时就将梯子立到拐角处。为了防止梯子倒下砸人，便在梯子上附上一条“请留神梯子，注意安全”的提示。几年来，大家一直是这样搬梯子使用，用完之后再立到原处，谁也没有觉得不妥。然而有一天，一位熟悉汉语的外国专家在参观车间时，看到梯子的摆放和梯子旁边的提示，便建议将提示语修改为“不用时，请将梯子横放。”不久，一条新的提示被挂上去了。随后，多少年的习惯做法也得到了改变，也就是谁用完梯子，就要自觉地把梯子横放在原处。

同样9个字，都是在强调安全，所不同的是，前者只是停留在一般性的提醒上，而后者则是彻底地把潜在危险因素排除了。正是这一点不同，在杜绝安全隐患方面的实际效果立竿见影。在我们的企业当中，有多少类似梯子立起来摆放的事例，我们可能都没有意识到，但是一直习惯性地存在着。

从这件小事可以看到，我们的安全生产规章制度虽然很健全，各项安全生产措施也很完善，各种形式的安全教育从不放松，甚至在安全生产方面的执行力也丝毫不含糊，但为什么还会发生一些伤人害己的事故呢？其中一个重要原因，就是缺乏类似“不用时，请将梯子横放”的安全生产管理细节。说穿了，就是我们安全生产管理上还做得不到位，尤其是现场的安全生产管理，往往停留在一个较浅的层面上，主要表现在传达学习规章制度，组织安全教育，检查一些表象存在的安全问题，而没有更多、更深入、更细致地发现和解决“摆放梯子”的问题，时常针对某个发生的安全问题采取“亡羊补牢”的措施，而没有更好的做法。结果，许多可以预防或者可以消除的事故，仍然不断地发生。

3. 对“不注意现象”的分析

由于种种原因，人在作业中会产生思想不集中、注意力分散的现象，常有所谓“不注意安全”的行为产生。在这种情况下，就有可能发生重大操作失误，从而导致人—机—环境系统发生故障或酿成重大事故。显然，“不注意现象”与事故预防关系密切。

(1) “不注意现象”与生产事故的关系

从许多事故案例看，事故似乎是由于作业者的不注意因素引起的。在事故分析中，也常把事故原因归结为作业者思想麻痹、注意力分散等。例如，某电业局人员在线路检修时，附近刚好有一工地正在举行开工典礼，十分热闹，检修人员由于思想不集中，错误攀登了带电线路的电杆，导致触电、严重烧伤。再如，矿井生产作业环境恶劣，冒顶事故发生率很高，是矿井安全生产的重点，本应引起员工的高度重视，而有些工人在到达工作面后，急于生产，完全没有注意作业地点周围煤层顶板的情况，结果在出煤过程中被脱落的矸石伤害。

有关的事故案例屡见不鲜，而且相同类型的事故一再重复发生。然而，我们不能简单地把造成事故的原因全部或大部分归咎于作业人员的“不注意”，因为作业人员在正常情况下决不会故意制造事故，同样也不会有意识地造成“不注意”。如果说，“不注意”是事故的原因，倒不如说“不注意现象”是某种原因的结果。

(2) “不注意现象”的分析

人机工程学认为，引起“不注意现象”产生的基本因素，包括作业人员所面对的外部因素与自身生理和心理上的内在因素。

外部因素主要包括如下几个方面：

一是不良的物理环境因素。不良的物理环境因素能致使人体疲劳，引起注意力分散，如施工工地夜间照明不足，矿井恶劣的环境条件等，经常使作业人员不能很好地保持注意力，容易发生事故。

二是强烈的无关刺激对注意的干扰。由于注意与不注意同时存在，因此，当外部的无关刺激达到一定的强度，便会引起作业人员的“不注意”，并把注意力从被注意对象移开而造成事故。例如作业地点的噪声、高温等因素，会干扰作业人员的正确判断。

三是作业规程设计不合理或做了重大改变而造成的意识混乱。人们长期从事某项工作会形成所谓的作业习惯定型，违反这种习惯定型会使人的操作不熟练，失误率升高。因此，当采用新的规程、新的技术设备时，应当对作业人员进行教育培训，使操作人员形成新的作业习惯定型，防止由于程序改变、工艺技术改进或变化，使操作人员作业习惯定型不适应，造成“不注意”，引起操作失误。

造成不注意现象产生的内在因素，是指那些由于情绪、冷热、饥饿等生理和心理因素构成的原因，这些原因大体可分为三类：

一是意识中断，即所谓“异常意识”状态。人在被催眠或入睡时的做梦，就属于“异常意识”状态。处于这种状态时，大脑的高级意识活动被抑制。作业人员服用了某些药物、毒品，患某些疾病都可能引起意识中断，使作业人员行为失常，酿成事故。

二是注意的起伏和分散。无论从生理还是心理机制看，人的注意力都不可能长期保持高度集中状态，而是间歇地加强或减弱，呈周期性变化。因此，越是高度紧张、需要注意力高度集中的工作，注意力持续时间越不宜过长，应合理安排劳动时间，防止作业人员过度疲劳。在注意力减弱期间，容易向“不注意”转移造成思想麻痹，导致事故发生，是意识水平低下的表现。

三是自身因素的影响。在生产作业中，生产作业人员要受到自身因素的影响，例如情绪低落、冷热感觉、疲劳等。

班组话题讨论

话题讨论之一

班组安全教育

班组安全教育内容包括：班组生产概况、特点、范围、作业环境、设备状况和消防设施等，可以结合典型事故案例，分析班组可能发生伤害事故的各种危险因素和隐患部位等。

现在我们要讨论的话题是：

你作为班组成员，能向新员工讲解岗位使用机械设备、工具的性能吗？能向新员工讲解安全操作规程和岗位责任及有关安全注意事项吗？能向新员工讲解哪些操作是危险的、违反操作规程的以及将导致何种严重后果吗？

话题讨论之二

班组安全目标

用安全目标激发班组成员的安全潜能，是班组长的一个重要工作内容。设置班组安全目标要适当。目标过高，班组成员经过努力还是达不到，就会产生放弃努力的想法；目标过低，就起不到应有的激励作用。

现在我们要讨论的话题是：

你认为班组安全目标设定成什么样比较合适？如果你的看法大家不同意，你会如何办？如果别人提出更好的办法，你会积极响应吗？

四、物损可以修复，生命不能重来

——危险事故的亲身经历与教训

安全警句

宁绕百步远，不走一步险。

一人把关一处安，众人把关稳如山。

多看一眼安全保险，多防一步少出事故。

安全对于企业是责任，安全对于家庭是幸福。

安全责任重于泰山，员工生命至高无上。

眼睛容不下一粒沙子，安全来不得半点儿马虎。

安全是家庭幸福的保障，关注安全就是关注生命。

绳子总在磨损的地方断开，事故常在薄弱环节出现。

骄傲自满是事故的导火索，谦虚谨慎是安全的铺路石。

88. 工友粗心大意丢了性命

我（江某）担任采掘班长十余年，心中始终牢记一个信念：小心无大错。掀开尘封的记忆，回想起十多年前一桩恐怖的往事，我仍心有余悸。

那年1月17日的早班，我们在118工作面作业，副班长钟某、大工曹某和王某等人到工作面架棚，我负责运材料，队干部柏某在后面检查巷道安全状况。工作不久，柏某发现距离工作面后面不远处有几处空帮未被处理好，他立即跑到工作面责令我们停止作业，撤出人员，修理加固后再继续作业。可是副班长和大工等几个人为了多架棚子多拿工分，拒绝修理，继续作业。

这时我刚运木材上来，柏某着急地对我说："这里片帮了，架的棚子腿子没有脚眼，扎脚又小，你赶快把他们叫出来，把这些地方处理好再进尺！"我赶快跑到了工作面，要他们马上撤出来。工作面是独头掘进，听到我喊撤退，副班长钟某满肚子不高兴，但也不甘心地退了出来。

人是退出来了，可钟某却坐在空帮下面不肯出来。当我们要竖棚子腿子时，巷道突然来压了。

"快撤！"我往后退了两步。"哗啦"一声巨响，巷道垮了好几米。

"救命，救命啊！"先前坐在空帮下面的副班长钟某却没有跑出来，被压在垮塌的巷道里，不停地向我们呼救。我们赶紧对巷道进行加固，柏某立即向调度室汇报了情况。经过几十分钟的抢救，钟某还是永远地离开了我们。

通过事故分析，认定这起事故的原因是当事人严重违反了煤矿安全规程的有关规定造成的。当班作业人员在修理巷道过程中仍然有人坐在巷道空帮处，这才导致了事故的发生。

这件事情已经过去十多年了，但当时那恐怖的场面仍时常在我脑海里显现。我为钟某粗心丢了性命而惋惜，时常反思事故，以此为鉴。在煤矿生产过程中，我们不管做什么事都得事事、时时、处处以安全第一，幸福才有保障。

89. 盲目蛮干差点儿丢了胳膊

我叫阎某某，是一名煤矿井下搬运工，参加工作 14 年从来没有发生过事故，可想起那年 2 月 12 日 4 点班发生事故的一幕来，至今还直流冷汗。

那天是元宵节，我中午和家里人一起吃完饭没顾上休息，就急匆匆地赶到单位上班。班前会上队长、工长强调了安全、安排了生产任务后，我就去换衣服、领灯下井了。上岗后，我在井下集中轨道巷下部车场配合其他岗位员工运送支架。当运送第三架支架的时候，由于专用平板车车轴缺油，支架没有被运送到预定地点，人力推车又推不动，于是我提议用停放在支架后部的矸石车撞击支架运输车，几名工人在支架后面准备利用撞击的惯性向前推支架运输车。当大家推矸石车准备撞击支架运输车的时候，我稀里糊涂地把手臂伸了出去。幸亏我身旁的工友拽了我一下，我的手臂才没被矸石车撞到，我惊出一身冷汗。

我奉劝工友们上岗时千万要牢记：一举一动，规章至尊。

90. 信号工擅离职守差点儿要人性命

这件事已过去多年，而我（唐某某）仍记忆犹新。

那时我在煤矿运输队担任队长。一天早班，我站在主井口听到井筒里一声闷响，接着看见提升钢绳“落地”，知道是斜井下放的空车掉道了，便立即带领地面运输班班长和一名职工下井检查情况，试图抬车。

临下井时，我亲眼看到班长对井口信号工详细交代了井筒临时作业用矿灯信号进行联系等事项。

我们向下走了近300米，发现5台矿车串着横卧在地，连接端紧靠井筒壁，人力无法抬动。我们退回到离掉道矿车30米处向井口发出了慢车试拉信号。过了一会儿，钢绳绷紧并拉动了矿车。可就在班长发出停车信号时，井口却无人应答。矿车连成一串儿擦着铁轨火花四射地向我们冲来。我们迅速掉头迎着30度的陡坡向上跑，起初速度还略快于矿车，可很快我们就跑不动了。班长拼命喊着“停车”，并不断发送停车信号。一名职工那时已经喘着粗气无力再跑了，我们只好拉着他继续向上走。

10米、5米、2米……，矿车离我们越来越近，就在我们几乎放弃挣扎的时候，矿车在离我们不足1米处突然停了下来。我全身疲软，汗水湿透了后背，足足喘了5分钟，才叫上大家慢慢走出井筒。班长出来后对着井口信号工大骂。我当即安排人员换下井口信号工，重新组织人员下井抬车。

井口信号工知道犯下了大错，一个劲儿地道歉。原来，他开动绞车后却离开工作岗位，3条鲜活的生命就差点儿被夺走，这种对工作不负责任的态度，怎么保证工友的安全？

91. 高处落物将人击晕

每每谈起“安全”二字，我（王某某）十多年前亲身经历的一次事故就会浮现在眼前，每次想起当时的情景都让我感到心有余悸，从那以后，我更加理解生命的意义了，更加珍惜美好的生活。

那年，参加工作近一年的我，告别了父母来到了美丽的古城扬州，和同事参加了电厂机组建设。火热的劳动现场、融洽的同事关系、丰富的集体生活，让我很快适应了工地环境。一天上午，老班长薛某某给我们开完会、分配好工作任务后，我和一位配合我作业的人员来到了当天作业地点——机房 12 米平台下方。在对接好一个又一个小口径管口后，我蹲在那里开始专心地焊接。一切都和平常没有什么两样，电弧光在眼前闪耀，焊花像一个个跳动的小精灵。我把一个个半成品变成了合格的产品。看着凝聚了自己辛勤汗水的成品，想着能为这么重大的工程添砖加瓦，我感到无比自豪。突然，我猛地觉得后背像被人狠狠地打了一下，眼前一黑就晕倒在地。等我清醒时已躺在医院的病床上，只觉得后背钻心的疼痛。照顾我的同事告诉我：在我作业地点上方 12 米平台，有一个预留洞口，由于没有覆盖盖板，在平台上作业的人员把一根 2 米多长的钢管失手滑落，通过洞口掉了下来。所幸的是钢管在下落过程中碰到了脚手架改变了方向，下落的钢管横着“拍”在我的后背上。要是钢管垂直落到我的背上，后果不堪设想。这次事故虽说没有伤着我的骨头，但也让我卧床半月之久，至今每到阴雨天气后背还会隐隐作痛。我讲述我的亲身经历，只是想给在施工现场工作的工友一个警示：你的一次小小的大意、疏忽和违章都可能给你或别人带来伤害，甚至是致命的事故，会给企业带来巨大的损失，给家庭造成无法承受的痛苦！

92. 棚顶垮塌把我吓出了一身冷汗

那时，我（龙某某）在矿井下工作，同班王某进入无支护的地方扒煤，差点儿送掉性命。至今，我想起这事来都胆战心惊！

那年 3 月 12 日早班，班长带着我和王某在工作面回煤。先前，我们在煤壁放炮后，因为煤太紧，没出很多煤，只好再次松帮放炮。这次放炮崩下来足有 10 吨煤，扒完这些煤后，前面形成了一个 4 米宽、3 米高的空洞。班长说：“这次只有等棚顶来压垮煤后，才能继续扒煤。”等了十多分钟，王某说：“煤这么紧，到里面扒煤，应该没多大问题。”说完，王某拿起工具进入空洞处扒煤。刚扒了不到1分钟，我和班长发现棚顶掉渣，这是冒顶的前兆。我立即大喊：“快退！快退！”王某赶快往外退，刚退了几步，空洞就垮满了煤，好险啊！王某坐在工作面吓得直发抖，一直说不出话来。我和班长也吓出了一身冷汗。幸亏王某撤退得快，不然，就出大事了。

王某的冒险行为让他险丢性命。这说明，在煤矿工作来不得半点儿马虎。在此，我奉劝在井下工作的工友们：盲目蛮干或违章冒险千万来不得，为了你的生命安全，为了你的家庭幸福，请遵守煤矿安全规程的要求！

93. 疏忽大意让他的右臂被皮带机辊筒绞了进去

一年一度的夏季大检修，对于生产企业来说必不可少。作为一名指挥者，即使时间再紧，检修项目再小，都应该制订详细的检修计划，进行周密的安排。我（洪某）就因为在这一方面麻痹大意，使一名员工失去了右臂，造成终身残疾。

那年6月5日，公司拉开了夏季检修的序幕。由于检修前厂里对检修项目、时间安排、备件准备、施工方案等进行了多次协商，尤其是对安全措施进行了周密的安排，所以检修工作非常顺利，原定5天的检修计划，4天就可提前完成。我作为煤焦车间检修项目负责人，正要为完成检修任务松口气时，突然接到总调度的电话，厂里临时决定对煤焦车间中控室控制柜基本功能进行调试，重点进行1号至6号皮带机试验。中控室控制柜是车间的中心枢纽，相当于人体的“大脑”，全部是进口设备，从投入运行开始一直没检修过，如果检修要请外国专家来配合。总调度特别说明，这次主要是通过简单的调试，积累进口设备的检修经验，就不再专门开会确定检修方案了，要求我做好相关安全措施和安排。

放下电话后，我的大脑迅速闪现车间中控室控制柜控制的皮带机系统检修项目，好在除了5号皮带机尾漏斗未完成检修外，其他系统已经全部检修完毕。我心想，只是进行简单调试，只要注意点，不会出事的。于是我在没有采取周密的安全措施的情况下，就电话通知了正在5号皮带机尾漏斗内焊接衬板的检修工王某某等3人，要求他们立即撤离皮带机，并让当班皮带机操作工将5号皮带机制动器打开，准备进行试验。

为了防止意外，我又打电话把其他皮带机的检修项目重新确认一遍后，才放心地赶往5号皮带机检修现场。可就在我前往的路上，我的电话响了，电话里说5号皮带机检修工王某某出事了。我到现场一看，映入眼帘的是我终生难忘的一幕，只见王某某倒在血泊中，他的右臂被皮带机辊筒绞了进去。

原来，王某某和其他工人接到我的电话时，检修的活儿再用几分钟就干完了，但他们还是按要求离开了皮带机。可因为没有具体规定试验时间，在随后的十几分钟的等待过程中，王某某看试验仍没有进行，于是在未将皮带机系统与控制柜断开的情况下，又上了皮带机，准备进入机尾漏斗用几分钟时间把衬板焊完。谁知他刚上了皮带机，警铃就响了，皮带开始移动。由于心慌，王某某脚下没站稳，身子一晃，头朝机尾滚筒倒在皮带上，他本能地伸出左手护头，用右手推挡滚筒。同行的另外两名检修工见状连忙大声喊叫。等值班人员断开开关时，王某某的右臂已随皮带滑进机尾，被辊筒挤伤。由于救助及时，王某某的命算是保住了，但他永远失去了右臂，伤愈后离开了检修岗位，被调到物业看车棚去了。

针对此次事故，厂里进行了事故分析。当事人王某某违章作业是导致事故的直接原因，应负主要责任。作为车间检修项目负责人，由于我的麻痹大意，协调、组织不力，安全措施不到位，负有不可推卸的责任。

事故虽然过去几年了，但那次事故至今仍历历在目，仿佛发生在昨天。每当夜深人静时，我常常浮想联翩：如果我从思想上对临时增加的检修项目不轻视，采取有效的安全措施；如果进行试验前，对5号皮带机检修人员进行安全确认，看他们是否真正撤出危险场所；如果检修工王某某不违章作业，上皮带机前断开开关，或者是耐心再等一会儿，事故都不会发生。

94. 违章操作险些被液氨废掉双手

那年7月15日，这一天永远定格在我（谭某）的记忆里，因为那天我亲眼目睹了一起液氨伤人的事故，而且受伤的人还是我的好朋友。

那天上午9时左右，当我经过合成车间附近的3号液氨储罐时，在一辆被人围观的液氨罐车旁，我的好朋友输氨工小魏的惨状让我惊呆了：他脸色苍白、眼泪直流、不断呻吟，两只手水疱密布，略呈紫色，整个人无力地蜷缩在地上，几名工友正用大量清水对其冲洗。“液氨灼伤，快送医院！”车间领导迅速安排车辆将小魏送至离厂最近的医院进行治疗。

3个月后，小魏伤愈出院。对此，厂安委会专门组织相关人员召开事故分析会。经调查分析得知，造成此次事故有两大原因：一是违章操作。输氨工未按液氨安全技术规程操作，当输氨完毕后，未进行详细检查，在液相排污阀未卸完压、管内尚余压力的情况下，贸然取掉液相管快接头，致使3米长的液相管内液氨急泻而出。二是输氨工未穿戴必需的橡胶手套及防护面具。由此认定，这是一起人为的责任事故，输氨工应承担事故的主要责任。在会上，小魏进行了深刻的反省，流下了悔恨的泪水。

后来，我回访了为小魏疗伤的主治医生，医生称，如果这次灼伤时间再稍长一些或就医时间再晚一点儿的话，高浓度的氨就可能造成手掌组织溶解性坏死，灼伤面会炭化而使伤者双手残废。听着医生的告诫，我着实为小魏捏了一把汗！事情尽管过去很久了，可是我每一次和一线的工人聊天的时候，我总会告诉他们这个事故，违章总伴有巨大的危险。

95. 目睹同日发生的两起事故

我叫谭某某，是一名水泥厂职工，这里所写的两起事故，均发生在同一天里，而且都出自同一车间，其中一起就出自我所在的班组，为我亲眼目睹。这两起事故的发生，除了暴露出车间领导对职工的安全教育和安全监督不力的问题外，更主要的是暴露出了职工自身安全意识薄弱的问题。

杜某某的手指被机器“咬”掉了。

4 月 6 日，这个惨痛的消息在水泥厂职工中被传遍了。

杜某某是该厂包装车间库底工。

那日凌晨 3 时许，一名插袋工看见杜某某捧着左手从库底走上包装机平台，说自己的手受伤了，需要去医院。这位插袋工并没在意，以为她是不小心碰破了皮。在工厂干活儿，小伤小痛，经常发生。插袋工随口说道：“我有创可贴，贴上就好了。”杜某某把自己的手伸出来给插袋工看，只见大拇指已经没有了，其余四指和手掌上的肉也没有了，只剩下骨头。杜某某说，自己在查看机器运转情况时，不慎将手电筒掉进了机器里，情急之下伸手去捡。当她意识到自己的错误时，左手已经被绞了进去。

周某某不戴安全帽被空中掉下来的工具砸伤。

同一天上午 10 时 30 分，包装车间电工周某某违章作业，不戴安全帽，头顶被空中掉下来的工具砸伤。

这天，该班组对车间大型设备卸车机的电气系统进行检修。进入作业现场前，班长唐某某照例对大家进行了安全教育。因为是交叉作业，因此特别强调了作业人员要戴好安全帽，并挨个儿进行检查。周某某因事请假，上班晚到了一会儿，为了不耽误工作，直接到了现场，配合地面人员干活儿。工友见他光着头，屡次催促他回去戴安全帽，他懒得来回走，嫌麻烦，假装听不见。

10 时 30 分，检修工作结束，无意外事故发生。班长唐某某松了口气，大家开始收拾工具，卸车机上面的工作人员顺梯而下。就在这时候，忽听得“咚”的一声脆响，大家循声望去，看见周某某双手抱头，蹲了下去，嘴里连呼“唉哟”，表情痛苦异常。原来，电工在顺着卸车机扶梯下来时，插在皮夹中的旋具不慎掉落，不偏不倚地砸在了周某某的头上，打破了头皮。

“我运气咋这么差呀。”望着赶来救护的工友们惋惜的表情，周某某摊开染血的手掌，自言自语。

“活该！谁叫你不戴安全帽。”班长唐某某又气又怜，“还不快去医院。”

96. 没有遵守操作规程引发事故

那年 3 月，大学毕业的我（赵某）在化工厂经过 2 年多的生产实践学习，被任命为合成氨车间主任。初次当“官”，算是尝到了古人讲的“新官上任三把火”的滋味。那时满脑子想的是，如何迅速地打开一个新局面，让大伙儿开开眼界：“俺姓赵的可不是马虎角色。”

那天碳化工段氨水泵线路要改装，我带着两名电工赶到生产现场。没见到操作工小胡，我径直把泵电源开关关掉了，并交代工人：“你们抓紧时间把工作搞好！”一名电工有点儿犹豫，“要不要等一下小胡？”我把手一甩，“不用。我这个大活人亲自在这里守着，你还不放心？”他俩赶紧到室外拆装电路去了。

我在操作室也不敢马虎，人就站在泵开关前面，双眼盯着前门，一心等着小胡到来，跟他交代清楚关开关的事情。万万没想到这时小胡从侧门溜进来了，一声不吭地跑上前就合闸，我发现了想喊已经来不及了。室外一声惊叫，一名电工从梯子上摔下来了，被送到医院抢救。

下班后事故分析会上，我愤怒地质问小胡：“为什么招呼也不打就合闸？”“这泵开关本来就有毛病，有时会自动掉闸。我不知道是你们拉下的，看见你站在这里，还以为你正为掉闸的事情找我。”“我就在你跟前，多问一句，总不会有事吧？”我越讲越火，“事故责任由合闸者承担，小胡马上写检查交厂部处理。”

第二天上午，厂长找我谈话，开门见山，“昨天的事故怎么处理？”“小胡的检查还没交给您？”“交了。我现在是问你，知不知道化工安全生产禁令，‘生产区内14个不准’的第9条？”“呵……”“我读给你听，‘不是自己分管的设备、工具不准动用’。你昨天为什么不找操作工，自己去关开关？”“真是忙……”“忙只是一个借口。忙能不要制度？不要安全？关键是当车间主任了，骄气上升。工人归你管，他管的设备，你就有权动了。事故处理也不是你说了算。我再问你，搞机电维修，为什么开关上不挂‘禁止合闸’的警示牌？”

我哑口无言，半天说不出一句话。厂长看我认错了，又讲了好些鼓励我的话。其中有一段我记得很清楚，厂长说："有知识，有技术，有权力都是好事。要谦虚，更要遵守规章制度。不受制度的约束，就会乱来，乱来就会出事。"

97. 偷工减料自酿苦果

那年，刚走出学校的我（王某），在南方的一个城市待了半个月也没找到合适的工作，到最后连吃饭的钱都没有了。为了解决生计问题，我决定到工地去干体力活儿，熬一段时间再说。

顶着烈日的烘烤，我挨个儿到工地去问有没有活儿让我干，很多工地负责人瞟我一眼就摇头，说我吃不了苦，不肯要我。就在我要绝望的时候，终于有一处人工打桩的工地（也叫挖井）收留了我。挖井需要两个人合作，下面一个人挖，上面一个人负责用摇架把下面的土摇上来，他们工地刚好缺一个人，就把我用上了。

跟我合作的是老杨，四十多岁，络腮胡子，身体强壮。每天都是他下井挖土，我在上面摇土。他干活儿总有使不完的力气，动作快得很，当我好不容易把一桶土摇上来的时候，下面的桶又被装满了。我就这样不停地摇，每天累得骨头都快散架了，但为了有饭吃，我只有咬着牙坚持下去。

时间长了，我发现了一个奇怪的问题，我们的井出土比别的井少，混凝土用得也比别的井少很多，但我和老杨每天挣的钱却比别人多。休息时，我忍不住悄悄问老杨，老杨笑而不答。后来我发现老杨除了最上面那 1 米深的井壁够厚之外，下面的井壁很薄，规定挖掘 20 厘米厚的土，老杨只挖了不到 10 厘米，难怪用的混凝土还没有别的井一半多。这可是偷工减料啊，虽然这样提高了工作效率，多赚了钱，可要是影响到整栋大楼的安全，那岂不是有很大的问题？再说，井壁那么薄，老杨在下面工作，要是土层结构不结实，塌方了那岂不很危险？

我把自己的忧虑跟老杨说了，没想到老杨哈哈大笑，说挖好的井是用来放钢筋混凝土的，井壁根本不会影响到大楼的安全，至于他的安全，只要我别‘乌鸦嘴’就行了。老杨都那样说了，我也不便多说，只是平时多留了个心眼儿，经常观察井壁有没有异常，以便及时告诉老杨。

我担心的事还是发生了，那时我们的井已经挖到 16 米深，就剩最后 1 米就完工了。那天开工没多久，我发现离地面 5 米深的地方井壁突然有了裂痕，而且裂痕正在扩大。我赶紧呼叫老杨，但他一直在井下埋头干活儿，似乎根本听不见。我只好用力甩动摇土的绳子来撞击老杨，挥手招呼他赶快上来，周围的工友听见我的喊声也都过来帮忙。老杨此时抓住绳子让我们往上拉。突然一声巨响，一大块混凝土垮了下去，接着涌出大量的流沙，周围的井壁也跟着塌陷。大家都惊呆了，等大家奋力把绳子摇上来时，绳子上除了粘满的泥土，什么也没有。后来工地动用了 4 台挖掘机经过 3 小时的挖掘，才找到泥人似的老杨，他已经停止了呼吸。

我就这样眼睁睁地看着一场事故在我面前发生，却无能为力。我知道是我害了老杨，如果我当初向工地负责人汇报偷工减料的事，老杨也许会受到批评，也许会被开除，但他不会出事。

建筑公司很快派来了工作人员对老杨的死因进行调查，并找我了解相关情况。事后，公司召开全体工人大会，对我们进行了相关的安全教育，呼吁大家一定要遵守安全规章制度，不要把生命当儿戏。从此工友们变得小心谨慎，不敢有丝毫大意。

事隔多年，我依然无法忘记那一场事故，为老杨的死感到可惜。

98. 顶板垮塌险些丧命

我叫罗某某，是煤矿的一名救护队员，从事救护工作已有20年。

在我所经历的事故抢险中，最难忘的是那年8月7日16时左右，煤矿南1814综采工作面运输巷发生顶板垮塌，两名职工被困的事故。我和队友火速赶到出事现场，很快将一名职工抢救脱险。另一名职工几乎完全被矸石埋压，顶板随时可能再次垮塌，情况万分危急。在探明遇险人员的位置后，我们一边架设临时支护，一边用手扒矸石（用工具可能伤到遇险人员）。在找到被困人员，并扒出其半个身子后，却因他的脚踝被垮塌的钢梁卡住，一时救不出。这时，突然“哗”的一声巨响，一块二三百斤重的矸石垮落，砸到了临时支护架上，支护架摇摇欲坠。在那危急时刻，被困工友的生命就像猛虎血盆大口下的小动物一样岌岌可危。来不及细想，几位队友果断地冲到临时支护架旁，用肩膀将支护架死死扛住，我和另外几位队友用身体护在被困人员身上，拼命扒着矸石，终于合力将遇险人员救了出来。几位扛支护架的队友刚一撤离，临时支护架就轰然倒下，所有在场的人都直冒冷汗。

在巨石威胁着离我仅一步之遥、丝毫动弹不得的工友生命的时候，我真正感受到了生命的价值和意义，同时也感受到了生命的脆弱。在此，我提醒工友们在工作中一定要遵章守纪，杜绝人为的不安全因素，精心呵护自身的健康和安全。

99. 违章带电操作险些让我双目失明

我叫彭某，回想起在煤矿十余年的电工经历，很多事情历历在目，但最让我在脑海里挥之不去的是我违章带电操作险些让我双目失明的一次惊心动魄的经历。

那年 7 月，我到一个较为边远的机房值班，并负责当地村民供电的停送电工作。时值雷雨季节，加之当地海拔较高，输电线路故障较多。一天晚上，当地村民前来反映村里没电，我便拎着矿灯前往变电所查看。由于场地限制，村民用电控制板被安装在一排低压控制柜后，与控制柜仅有 1.2 米的距离。为了图省事，我省去了先停电后操作的程序，直接开始了检查。检查后并未发现问题，我便用旋具轻轻挑拨着电线检查线路是否有松动。

就在我专心致志地检查时，突然“砰”的一声巨响，一团蓝光迎面扑来，我下意识地往后退。当我的脚刚离地，忽然一个念头从我脑中闪过：后面是低压控制柜。我立刻将脚收住，头迅速往旁边躲闪。顿时我觉得天昏地暗，眼里全是“星星”。我的第一反应是，糟糕，我的眼睛可能要瞎了，我一下坐到地上。大概过了 5 分钟，我才慢慢地恢复了视力。

这就是我贪图省事带电操作给我的一次深刻教训，每当我回想起那次经历，我都心有余悸。要是我退后一步便会撞到低压控制柜上，如果躲闪不及眼睛就会被电弧光灼伤甚至导致失明。在这里我想提醒那些贪图省事的工友，规程在书中，安全在手中。

100. 检查不仔细致变电列车脱轨

我叫张某某，那年有一天，我所在的班组接受任务，在井下煤斗 203 工作面准备向外移变电列车。

下井到达工作现场后，我们按照工长班前的分工，进行各自的准备工作，并检查了各辆变电列车的连接装置。我们当时用的是 32T 慢速绞车牵引，变电列车共 30 个车体，近 100 米长，各车之间用溜子链连接。我当时被安排和其他 4 名员工一起在变电列车前的电缆车边盘电缆，变电列车后有10名员工从电缆车上往下放电缆，同时还有4名员工跟车看电缆，在变电列车两边各有1人来回巡视。一切准备就绪后，两声开车信号发出，我们开始拉变电列车。开始，变电列车均匀地慢速行驶，当变电列车行走了50米后，由于后面所拖电缆长度增加，车前坡度增大，钢绳与第一辆车连接处突然断裂，整个变电列车像脱缰的野马，带着一串火星飞驰而下。后面放电缆、看电缆的员工，吓得拼命地向超前支护里奔去。变电列车跑车时使多辆车脱轨、变压器翻倒，从而减缓了下行速度。当变电列车停下来以后，整个变电列车的车辆呈S形横在巷道里，翻倒的变压器距巡视变电列车的两名员工只有1米远，真是相当危险。

事情发生后，分析事故发生的原因：一是当时从工长到员工，安全意识淡薄，对安全设施的检查不够仔细，不够全面。认为以前都是这样干，不会有问题，放松了对设备安全状态的检查。二是现场的员工侥幸心理严重，工作急于求成，不能严格遵章作业，造成这起事故。

101. 违规施焊引发爆炸

我叫姜某某，是煤炭洗选厂一名电焊工，从事电焊工作已有9年。在我曾经的工作中，使我最难忘的是那年9月11日那次事故。

那天，我和3位工友在精煤仓上施焊，由于工作粗心大意，未将精煤仓入口处封闭严实，使电焊火星掉进了精煤仓，瞬间听见“轰”的一声巨响，砖头、水泥块儿四处飞溅，煤仓被炸开一个大窟窿，煤仓顶部悬在空中。我和3名工友在10米高的仓顶上，吓得拔腿就跑。脱离险地再回头一看，好险！幸好仓顶没有掉下去，否则我们4人就没命了。事后经专家鉴定，此次爆炸的原因：一是由于煤仓通风不良，造成了瓦斯聚积。二是由于施焊时火星掉进煤仓，引起煤仓中瓦斯爆炸。这次事故给企业造成了不小的经济损失。

经过这次生与死的教训，我加强了对工作的责任心。在以后的工作中，每次作业前我都会细心检查防火措施是否做好。同时，厂里在煤仓施焊时完善了厂长签字，安监站现场检测、监督制度。针对造成这次事故的煤仓通风不良、煤仓瓦斯排放不畅的问题，有关部门对煤仓进行了改造，开设了瓦斯排放孔。虽然煤仓发生爆炸较罕见，但我还是要提醒其他选煤厂，加强对煤仓防火管理，特别是煤仓设计要考虑瓦斯的排放问题。

102. 牢记避灾路线关键时刻能救命

我叫万某某，虽然我和 10 名工友死里逃生的经历已经过了 8 个年头，但那难忘的生死 10 分钟却始终萦绕在我的脑海里。

我是煤矿的一名掘进工，那年 1 月 14 日凌晨 3 时左右，我带领全班 10 名工友在 N2801 运输巷上段碛头攉煤矸石，在离我们约 170 米的下段碛头有另外几人在打煤层瓦斯预测钻孔。当我们干得正起劲儿的时候，突然听到下段碛头发出几声“轰轰”的“闷雷”声，接着又有“嘶嘶”的风声连续传来，并越来越大。

在井下已经干了 12 年的我，也没有经历过这样的事情。我离开施工现场往运输巷下段走了约 60 米，整个巷道突然煤尘飞扬，我一时不知道是进还是退。

就在那紧急关头，我想起了不久前刚学过的施工安全措施：施工中遇到不明情况，应立即停止作业，向矿调度室汇报，按避灾路线撤离。于是我小跑返回工作地，带领工友往外撤。当我们走到运输巷与轨道巷交会的十字抬棚处，回风流瓦斯监测仪警报响起，瓦斯体积浓度迅速上升达到7.8%。

工友们见到这种情况，丢下工具不分方向乱跑。情况虽然突然，我也十分紧张，浑身发软，但安全学习时技术员讲的安全措施和紧急避灾路线我还记得。我一边朝安全避灾路线撤离，一边大声吼："大家不要盲目乱跑，认清方向跟我来，先朝7#煤层轨道巷撤离。"当到达7#煤层轨道巷时，那里已是煤尘滚滚，辨不清方向了。我赶紧抓起一把岩粉向巷道中间抛去，用脸部感觉测试风流方向，然后顺着岩粉飘落的方向继续向外撤到N2702轨道巷，最后又撤到+355运输大巷，并顺利地到达了地面。从听到碛头的"闷雷"声到脱离险境，由于撤离路线正确，近2 000米的路线，仅仅用了10分钟。就是这宝贵的"黄金10分钟"，我和全班10名工友安然无恙。

事后才知道，下段几名工友在这次瓦斯突出事故中全部遇难。我现在已担任掘进一队副队长，多年前那次经历让我终生难忘。现在我把亲身经历过的这个终生难忘的故事说出来，希望广大工友们记住，在遇危险时千万不能慌张，一定要牢记安全规程和避灾路线，关键时刻真能起到救命的作用！

103. 违规驾车致人受伤

两年前的一天，我（韩某某）和一名同事一起去外地办事。我俩都不是专职司机，单位车多司机少，一般人员都有驾照。去的时候我开车，一切顺利。第二天办完事，中午吃饭时我滴酒未沾，同事酒量很大，但也只喝了一点儿。匆匆吃完饭，我们便往回走。

同事早就有驾照，是在部队当兵时考的，但平常摸车不多，所以回来时还是我开车。还未出城，我看油不多了，就去加油。等我加完油上车一看，同事已坐在驾驶座位上了。我问："你喝了酒，行不行？”他说：“这点儿酒没关系。”我只好坐上副驾驶的位置。因为怕他紧张，我暂时没系安全带。

刚出城上国道时，突然，前面出现了一个人，同事往右猛打转向盘，却在慌乱中不知道往回转转向盘。我大叫：“刹车！”可是这家伙居然把加速踏板当成了制动踏板！车加速往路边冲去。因为没系安全带，我右手紧抓住车窗边的拉手，左手拉了驻车制动手柄，可是车还是高速越过路边的小花圃，随着一声巨响，重重地撞在路边水沟旁的大树上。我一头撞到风挡玻璃上，眼镜被撞得粉碎，额头上鲜血直流。

这时，同事已爬到车外。我的右手和右腿已不听使唤，同事站在车外傻傻地看着我。我大叫：“把我拉出去！我的手和脚都断了！”可他已经被吓傻了，茫然不知所措。一会儿工夫，我们的车边围上不少看热闹的人，其中几个壮汉七手八脚地把我拽出车外。远处有人看我满脸是血，惊喊：“哎哟，可能要出人命了。”

痛归痛，但我当时还是很清醒的，请求旁边的人帮我打了报警电话。惹祸的同事一直呆呆地蹲在我身边。

围观的人越来越多。大约过了半个小时，救护车来了。随后，我被送进了医院急救室。

经过X光检查，我手臂桡骨骨折，大腿股骨骨裂！晚上，我痛得无法入睡，打完止痛针，才迷迷糊糊睡了一会儿。

第二天下午两点多我被送进手术室。局部麻醉后做手臂手术时，我还是清醒的，能听见电钻响声以及用螺栓固定伤骨的声音。做腿部手术时，我已昏睡，所有的经过我一概不知。次日醒来时，我打量了一下自己，氧气管、盐水瓶一应俱全。

这样在医院躺了二十多天，我被送回家，又休养了近半年，总算恢复了健康，但手术时植入的钢板、钢钉至今仍在体内。现在我开车、坐车的第一件事，就是系好安全带。

大难不死，我最想对大家说的是：开车不能出风头、图好玩，来不得半点儿马虎。人的生命极其脆弱，朋友们，要珍惜生命啊！

104. 不按要求操作棉纱被缠进了联轴器

说起来已经是几年前的事了。那时我（王某）到脱盐水站上班不久，对这个陌生的环境充满好奇。我的师傅叫李某，她总是很耐心地解答我提出的疑问。一直以来，上零点班有一项雷打不动的任务，就是负责设备以及现场卫生打扫。那天早上按照分工，我与师傅一起擦水泵。

擦水泵之前，师傅指着身旁一台运行着的水泵说："擦拭转动的设备时，一定不要戴手套，要把棉纱攥在手心部位，握牢。"她嘱咐完后，就蹲到一旁擦了起来。我跟着擦完几台水泵后，手中的棉纱松散了，其中的一角掉了出来，但当时我没有在意。到现在我都清楚地记得那是中间的一台水泵，红色的护罩下联轴器飞速旋转。我一手按住水泵的护罩，一手用棉纱从护罩下方擦起来，就在这时，意外发生了。我手中垂下的棉纱角忽然被缠进了联轴器里。瞬间，联轴器产生的动力像是一个巨大的吸盘，紧紧带着棉纱往里拽，我惊叫着抽出了手。眼看着棉纱被联轴器越缠越紧，电动机转动速度逐渐慢下来，能听到"嘭嘭"作响的声音。

师傅听到异常的声音，赶忙跑了过来，看到呆立一旁的我和飞扬的棉屑，知道发生了什么事情，立刻拉下了墙上的开关。切断电源之后，倒回的水流促使联轴器转了好一会儿才停下来。厂房内，被撕碎的棉纱飞絮慢慢散落。师傅给我擦净手臂上的灰尘，看着满地飞絮，调侃道："瞧瞧，你这是不经意间弹了一次棉花。这可是一次教训啊。擦水泵看似简单，注意事项却不可忽视啊！”听完这话，我才感觉到方才抽手时被棉纱击打得满是红印的手背火辣辣地疼。

105. 一时疏忽大意却付出惨重代价

虽然此事过去十几年了，但每当回忆起我的好友张某某遇难的经过，我至今仍心有余悸。

事情的经过是这样的。那年 8 月的一天，张某某和其他几名工友回点柱。干完活儿后收拾工具时，发现缺少一把铁锤。张某某用矿灯一照，发现铁锤被丢在空顶区。他抬头看了看光滑的顶板，自认为没事，于是不假思索地进入空顶区去拿那把铁锤，别人想拉他已经来不及了。有人急切地呼喊：“张师傅，快回来，危险！”说来也巧，看似完好的顶板突然冒落，吞噬了他的生命，他连救命也没来得及喊一声就匆匆地走了。

张某某进老空区拿铁锤时是怎样想的，别人无法得知，可他如果知道一进去就会把命搭上，他肯定不会进去。一时的疏忽大意却付出了惨重的代价。

106. 忘了扳道岔，造成终身瘫痪

我叫陈某某。当年，我和许多同龄人一起被招工到矿上，当了一名井下运输工人。就在我满怀青春的热情准备在煤矿大干一番的时候，却被一次不该发生的事故毁了一生的幸福生活。从此，我带着瘫痪的下半身艰难度日，尝尽了酸楚和悲痛。

事故发生在那年 3 月 16 日早班，我和当班工友房某、孔某等 5 人被队长安排在井下北二轨道作业，为掘进队拉车皮。孔某开绞车，我和房某在该轨道上部车场把钩，其他 2 人在下部车场把钩。10 点

左右，因上部车场的重车全部被拉完，暂时没有活儿干，我便和房某进入绞车房休息。孔某听到轨道下方把钩工发出拉车信号后，便把4个空车皮拉到上部道岔以上位置。这时，上部车场掘进队的工人喊“重车出来了。”正在绞车房休息的我迅速跑到作业点，慌忙中竟忘了扳道岔，而且没有按规定在打点室打点发送信号就站在直道上采用喊话的方式让孔某松车。孔某听到我喊松车后，迅速将车松开。由于我忘了扳道岔，4个空车皮全部进入直道，将站在直道上的我撞倒，我被车皮头部朝下拖了4米多，造成脊椎骨折。

这是一起由于我自身和他人共同违章作业造成的运输伤人事故。虽然经过医生全力抢救，总算保住了我的命，但我的下半身却变得全无知觉，落下了瘫痪的病根儿，需要长年坐轮椅。

107. 违章坐皮带机险些丧命

我叫张某某，那年7月，我刚从技校毕业，被分配在煤矿机电科安装队从事井下皮带机、链板机的安装工作。和我一起来的同届同学有十几个人，彼此都不陌生。

一天，我和原某某一起从井下324机巷上井。324机巷中间有几部皮带机，一部皮带机有好几百米长，人只能在皮带机一侧不足1米宽的空间内侧身行走。

忽然，刘某、赵某等从我身边快速通过，他们的矿灯忽高忽低地向前移动，速度很快。我问原某某：“他们走得咋那么快？”原某某说：“他们开始坐皮带机了，你别坐。”

不时有人在我面前熟练地跨上皮带机，既潇洒又省力。“你不会坐皮带机吗？”有人经过身旁时问我，话音未落，人已经在七八米外了。我再也沉不住气了，便学着他们的样子去坐皮带机，没想到竟一下子摔倒在皮带机上。后面有人喊："赶快坐起来!"我一挺身子坐了起来，却是背朝皮带机头的方向，我几次努力想转过身来，都没有成功。

往前走了一段后，有几名同学已经从皮带机上下来了，看到我仍坐在皮带机上，急忙喊："赶快下来，前面就是大眼了。"机巷内顿时一片慌乱，有人喊："快停皮带机!"有人朝前面晃灯，还有人朝前跑，我也感觉不妙，急忙伸手抓住皮带机两侧的钩子，顺势从皮带机上翻滚下来，身体重重地摔在地上，胳膊被机巷一侧的棚梁擦伤了。在我前面 10 米远的地方就是大眼，煤炭从这里流入煤仓，要是掉进去可就没命了，好险呀！赶过来的同事都吃了一惊，我更是出了一身冷汗。

这一次危险的尝试让我终生难忘。我要让这次经历成为一种经验和教训，那就是彻底消除一切违章行为，确保安全生产。

108. 一根裸铜线差点儿要了我的命

我叫李某某，刚参加工作时，缺少工作经验的我安全意识不强，是我们电工班里的"安全隐患"。为此，班里特意安排有丰富工作经验的老曹做我的师傅，每天带着我干活儿。

在一次工作中，我在曹师傅的指导下完成了接线工序。清理现场时，我随手捡起一段裸铜线。曹师傅经过仔细检查确认接线正确无误后，便让我准备送电。我没有意识到抓在手里的那段裸铜线是一个可以让我触电的危险物体。当我离送电操作屏还有一步远的时候，曹师傅突然大喊一声："站住！别动!"我一惊，愣在了那里。"把手中的铜线扔到一边去!"曹师傅冲我喊道。这时我才想起手里抓着的那截裸铜线，吓出一身冷汗，再看手中那截裸铜线颤动着的线头，离操作屏带电母线的距离不足 20 厘米!

事后，曹师傅给我讲了许多类似的“细节”问题，告诉我谨慎小心对于一名电工的重要性。从此我一改以往安全意识不强的毛病，时时处处谨慎小心，把安全生产放在第一位。

好多年过去了，但每次工作的时候，那根裸铜线还会出现在我的眼前，给我警示，让我在工作中小心谨慎。

109. 工友盲目施救差点儿害得我真的“玩儿完”

我叫陈某，是一名采煤工。在一次顶板事故中，工友盲目救我，差点儿让我真的“玩儿完”。

那天我在工作面采煤，工友在下方放煤。由于该处顶板比较破碎，刚采完煤的顶板还没来得及支护就突然冒落了，采空区的煤矸石顺着冒落的空洞倾泻下来，堵塞了工作面。来不及躲避的我被煤矸石齐腰埋住，动弹不得。工友听到我的呼救声后，赶紧上来放煤，想把堵住通道的煤矸石放空后救我出来。其实，从上方救我是最安全的，只要搬开几块压在我身上的煤矸石就行了，可是大家一时着急便乱了章法。他们从下方放煤，反而使我身陷险境。看着堵住工作面的煤矸石渐渐下移，身旁冒落空洞里的煤矸石又顺势垮落，朝我身上压下来，极度恐惧的我使出了全身的力气大喊:“救命啊……”

万幸的是，一块大煤矸石卡在冒落处，较小的煤矸石垮落了一会儿终于停住了。这时我的肩部以下都被埋住了，要是那块大煤矸石再垮落下来，不把我砸死也得把我活埋了。后来，爬上煤堆的工友用一根支柱把大煤矸石支住，慢慢刨开压在我身上的煤矸石，才把我救了出来。获救后的我整个身体都瘫软了，久久说不出话来。

我用我的亲身经历告诉大家，遇险后一定要用正确的方法施救，不然反而会害人。

110. 违规操作溜子将手擦破

我叫张某某，有一年，我在煤矿综采掘进一队当支护工。那年9月的一天，我们上早班，一组9个人早早便来到2311轨道顺槽迎头。我们按照分工依次打孔、装药，大约1小时后，放完第一排炮。我们进入迎头进行“敲帮问顶”、临时支护，然后由掘进机司机启动掘进机准备往外扒煤矸石。我当时负责清扫掘进机后的浮煤。当清扫到掘进机小溜子底下时，不知道什么原因，小溜子忽然停止运转了，这意味着从迎头扒出来的煤矸石将无法向外运输。当时我以为是小溜子的链条被煤矸石卡住了，情急之下便伸手去溜槽下扒煤矸石，并没有通知掘进机司机停机。结果我的手刚碰到溜槽的时候，小溜子又突然运转起来，出于本能的反应，我急忙将手缩回，但手还是被擦破了。

这件事让我想起来仍觉得后怕，如果当时没有及时将手缩回，就可能将手挤进溜槽，后果可想而知。这都是思想麻痹、不按章作业惹的祸。

111. 违章指挥造成矿车挤人事故

为了保证矿工的生命安全，国家和各煤炭企业都制定了严格的规章制度，如果工人严格遵守，很多事故是可以避免的。作为下井工人，我们不仅要知道安全的重要性，更应该知道如何自主保安全。

记得刚参加工作不久的一个零点班，我（何某某）和其他工友在班长杜某的带领下回收废旧巷道内的工字钢，在装车时不慎使矿车后轮掉道。杜班长一边说我们这些新工人不专心工作，一边让我站在车头上，说我长得胖，站在前面当配重，他们几个人则在矿车后面垫木头，试图把车尾撬上道。由于工字钢较重，他们试了几次都未成功。这时，杜班长为了省力，让工友们在车轮下面垫木板，然后招呼信号工发信号，让绞车司机慢慢开车将掉道的矿车拉上道。信号工发出开车信号后，绞车司机没明白什么意思，一下子把车按正常速度开了起来，不但没能使掉道的矿车上道，反而把矿车拉向一侧，站在车头的我躲闪不及，被挤在矿车和巷道一侧的水管中间。我大叫："快停车，挤住我了！"发信号的工友急忙发停车信号，此时我已经被矿车挤住，感到胸部剧痛，如果司机再向前开一点儿，我就可能被挤死了。随后，工友们把昏迷中的我送到医院，半年后我才恢复健康。

这件事已经过去十七年了。那次事故我不仅受了伤，还受到了检查科的重罚，真是身体、经济双损失。我认真总结教训，一方面是自己无知，另一方面是班长违章指挥造成了这次事故。事故追查会上，检查科领导讲述了正确处理矿车掉道的方法：处理矿车掉道时，人员应站在顶板完好的安全地点，用吊链或千斤顶升起矿车，并由专人观察周围情况。矿车被起吊上道时要注意顶板和两帮，防止撞坏或挤压电缆、管道。那种用绞车硬拉的方法是错误的，也是危险的，人员更不能站在掉道的矿车上。当时我参加工作不久，缺乏安全知识，不懂得保护自己，只讲工作热情，不讲工作方法，是造成事故的主要原因。

工友们，井下作业时刻充满危险，一次无知蛮干可能造成终生后悔的事故，奉劝工友们多学习安全技术知识，做到自主保安全。班组长要强化安全意识，带头按章作业，绝对不能违章指挥。为了家庭的幸福、企业的兴旺，让我们牢记安全，杜绝违章。

112. 意外提前起爆，险些酿成事故

我叫黄某某，是硫铁矿的一名职工。那年 3 月的一天，我和十几

名放炮工在露天矿山进行台阶深孔爆破作业，由于炮孔多、装药量大，在完成全部炸药充填和连接好整个炮区起爆网络后，离起爆时间只剩下 10 分钟了。在检查爆破现场一切无误后，班长吹响了哨子，所有工作人员开始紧张地撤离放炮区。在距离放炮区大约 80 米处停放着一台钻完孔移出放炮地点的牙轮钻机。凭以往的经验，我们的避炮场所选择在牙轮钻机里。在警报声中，爆破手首先进入钻机驾驶室检查并测试起爆前的爆破网络，我和其他放炮工也陆续进入牙轮钻机房，还有几名工人在机房外等待，准备起爆命令发布后进机房避炮。

在距离起爆时间只剩下 2 分钟时，爆破手把头伸出窗外招呼外面的人进机房避炮，并喊着“准备充电了”，随手旋转了起爆器上的旋钮准备充电。但谁也没有想到的是，随之而来的是一声震耳欲聋的巨响，不远处的炮区浓烟四起，碎石向空中抛射，大大小小的碎石在牙轮钻机四周落下。不用问，所有的人都知道这是提前起爆了，大家你看我我看你，谁也没有说什么。等一切都沉寂下来之后，班长环视四周焦急地询问有没有人员受伤，在得知大家平安无事后，人群中马上炸开了锅，议论纷纷。有人说听到“轰”的一声炮响就立即往机房里钻，有人说听到一块大石头砸在头顶的铁皮上了，又有人说以前是充电 2 分钟之后才响炮的，怎么今天刚充电就响炮了呢?

原来爆破手在将起爆网络和起爆器连接时，没有发现起爆旋钮已经在充电挡位上了，还以为在空挡上。当他想把旋钮转向充电挡时，实际上转向了放电挡，从而使爆破网络通过高压电流而起爆。严格来说，这是一起严重的违章操作导致的安全生产事故，幸亏未造成人员伤亡，但足以让在场的每一个人心惊肉跳。这次爆破事故给我和我的工友们的教训是十分深刻的，那就是安全意识的弦一定要时时刻刻绷紧，粗心大意随时会酿成追悔莫及的大祸。

113. 不系安全带，我摔到水泥地上

我叫关某某，是焦化公司的职工。常言道："一朝被蛇咬，十年怕井绳。"发生在 5 年前的一件事，每每想起，不禁令人毛骨悚然，心有余悸。

那天，像往常一样，接到任务书后，我来到 3 米多高的管架子上去消除漏点，安全员再三叮嘱：必须办理好高处作业证，系好安全带才能开始工作。我图省事，怕麻烦，没办高处作业证也没系安全带，就偷偷地爬上去作业。心想，哪儿有那么巧，三下两下就搞定的事，何必再去办手续和系安全带呢？我非常小心地紧着法兰上的螺栓，直到滴水不漏，才高兴地收拾工具，嘴里哼着小曲儿，顺着管架往下爬。不料手一松，脚一滑，我狠狠地摔到了水泥地上，一把开口扳手正好砸在我的左肩胛骨上，庆幸的是骨头没问题。可这一摔一砸，折磨得我半个多月上下班骑不了自行车也干不成活儿。同事和领导们关切地问我咋回事，我硬瞒着他们说是骑自行车摔了一下。

其实，我已经醒悟过来了，若不是侥幸心理作祟，按规定作业，哪儿会受这种罪？幸运的是扳手没有砸中头部，也没有摔出个三长两短，要不，后悔都来不及了。所以，我希望那些干活儿凭侥幸的同事们，和我一起吸取教训，举一反三，引以为戒，确保安全。切记：上班不是逛公园，护品护具带齐全。侥幸心理不可有，循规蹈矩路好走。安全第一防为主，工作平安才幸福。

114. 龙门架差点儿砸中我的头

那天天气晴朗，是个难得的好天气。下午两点，班长通知我（张某）协助原料工段更换一下滚筒筛。戴好安全帽，我来到了原料工段，因为滚筒筛经常需要更换，大家都很熟悉，所以参加更换工作

的人不多，只有原料段长、一男一女两名维修工，还有包括我在内的两名操作工。

准备工作进行得很顺利，拆下护板，卸下滚筒筛螺栓，把一个高 4 米、长 3 米、基座宽 1.2 米的自制龙门架南北方向放在球磨机的尾部，滚筒筛的上方，挂好吊链，把 50 千克的滚筒筛慢慢地吊起，等移出料浆溜槽后，轻轻向北移动，滚筒筛在男维修工拉吊链声中慢慢往下落，拆卸工作已经接近了尾声。女维修工已经开始调试割炬，准备筛子落地后切割更换。当筛子距地还有 80 厘米的时候，段长说：往西来点儿，这边宽敞，好干活儿，于是两名工友抓住筛子往西拉动。我走上前去准备搭一把手帮一下。我手还未触到筛子，龙门架因承受不了来自侧面的拉拽，一下子倾倒了，两名工友摔了出去。当我抬头看时，龙门架正向我的头砸来，已经来不及逃离了。情急之中我闭着眼睛缩了一下头，龙门架顶梁贴着我的帽子擦过去，在我身后“轰”的一声摔在地上，滚筒筛落在我的脚附近，来回轻微滚动了两下，不动了。

我站在倒了的龙门架中，睁开眼，看见在外边的几个人目瞪口呆地看着我，目光中满是惊恐。真是万幸啊，差一点儿就出了人命!

回到岗位上，擦着头上的冷汗，我感到后怕，刚才躲过了一场劫难啊！事故就是这样，越是在熟悉的环境中、熟悉的工作中，人们越容易疏忽大意，事故越容易发生。

我已经工作六七年了，安全培训不知参加了多少期，安全意识自认为也不差，但当我站在倒下的龙门架中时，心中只想说安全工作没有止境，一丝一毫不经意，就会功亏一篑。

115. 带压操作发生意外

记得那年夏天，是我厂 13 万吨尿素工程刚刚达产的日子，当时我（李某某）是尿素车间二氧化碳压缩机岗位的主操作工。由于我参加了厂尿素工程二氧化碳压缩机系统的安装、试车及原始开车工作，对设备、工艺、操作规程及安全技术规程都相当熟悉，自认为判断、处理设备难题准确无误、经验丰富。

那天我上夜班，大约 21 时在巡回检查中，我发现我操作的二氧化碳压缩机四段进气阀泄漏，影响到进气量，必须倒车更换。为了抢时间尽快检修好设备，压缩机一停车，我就带领几名操作工迅速拆进气阀压盖螺栓，但留下 4 个对角螺栓没有拆，因为压力很高，经过安全处理后仍有余压留在气阀腔内不能泄尽，需通过松动 4 个对角螺栓把气阀密封铝垫撬开才能泄尽余压。一直以来不论设备检修还是气阀更换，我都严格执行检修操作规程进行安全处理。在确认无压后，我便踏上操作架拆下最后 4 个螺栓，准备拿下气阀压盖。正当我转身要取出气阀压盖的时候，意想不到的事情发生了，只听“砰”的一声巨响，气阀压盖带着气阀冲出气阀腔飞起近 3 米高，然后重重地砸在我身后不到 1 米远的铁箅子上，砸弯了几根箅条。我们几个人没有任何思想准备，全部惊呆了，我自己则差点儿跌下工作架，汗水湿透了工作服。

从停车安全处理到拆卸气阀，整个过程我都严格执行安全操作规程，小心谨慎，为什么还出现意外呢？经分析是由于设备长期运行，夏季气体冷却及油水分离效果不好，气体温度高，气体中夹带的油在高温下焦化堵住了气阀压盖间隙，致使余压无法泄出，而且夜里照明不是很好，我检查时没注意到。当我拆掉最后 4 个螺栓，取下气阀压盖的时候，震松了气阀压盖间隙的焦化物，在高压下气阀压盖冲出了气阀腔。

此事虽然是未遂事故，却给我留下了刻骨铭心的教训，使我明白了在设备检修前严格执行各种操作规程进行安全处理的同时，必须多想几个“意想不到”才行。后来我调离了生产车间，但这惊险的一幕至今想来仍心有余悸。

 116. 从一根代替熔丝的铜线领到的教训

我叫相某，那一年从技工学校毕业后，被分配到一家国有企业，跟着一名姓苏的师傅负责管理生活区的用电安全和线路维修。单独值班不久的一天晚上，我突然接到一个电话，说有栋家属楼停电，我连忙拿起工具赶到现场，一检查，发现是有人违章使用电炉，使线路超过额定负荷，从而造成了大楼的总熔丝熔断。发现是小毛病，我便取下熔丝盒打算换熔丝。我一摸工具袋，发现熔丝用完了，再回去取，又得半个多小时。为了图省事，我就将一根电线剥去绝缘皮取出铜线，接在熔丝盒上，打算在下次维修线路时顺便再用熔丝换过来，但没想到后来竟把此事忘得一干二净。

时隔三个多月，在一次企业内部例行的安全大检查中，检查人员发现了熔盒中的那根铜线，于是我为自己当初的错误行为领到了一个通报批评，并且被扣发当月奖金。

那段时间我十分消沉，觉得用一根没有引起任何后果的铜线代替熔丝就受到如此重的处理有些冤枉。看到我不服气的样子，有一天下班后苏师傅把我留下来，告诉我一个真实的故事。在这家企业刚从外地迁来的那年，担任线路安全员的是一名即将退休的老师傅。有一次巡查中，他发现一座仓库有烟火冒出，旁边就是氧气站，一旦大火蔓延开来，后果不堪设想。见情况危急，老师傅毫不犹豫地冲过了滚滚的浓烟，硬是用自己的血肉之躯制止了一场即将发生的灾难。最后大火被扑灭了，老师傅却为此付出了自己宝贵的生命。后来追查原因时，发现肇事的正是一根代替熔丝的铜线——在电线发生短路时，未

能及时熔断而起到保护的作用。说到这里，苏师傅痛苦地低下头来，沉默半晌，才说出那个献出生命的老师傅，就是苏师傅的父亲。

看到我惊愕的表情，苏师傅拍拍我肩膀，语重心长地告诫我说：一根熔丝看似事小，就好比我们这些安全员，工作普通而平凡，但在企业工作中却不可缺少，安全这根弦必须时刻绷紧，否则便会酿出大祸，甚至付出生命的代价。

苏师傅讲的故事像警钟般地令我猛然警醒，在让我感到了自己肩头沉甸甸的责任的同时，也使我懂得了安全无小事的道理。从此以后，我一改以前的工作态度，处处以高标准严格要求自己，因为我明白作为一名企业的安全员，在工厂安全工作中的地位。

117. 宁可让你停工，我也要安全

我叫李某某，那年，在班组当建筑安装管工。我们工程队施工的楼快要交工了，可暖沟里的管道保温层上面还没刷黑色防腐油。郭班长让我带几名女工用苯把沥青油稀释后做防腐油刷到管道保温层上。我到现场一看，心里一惊，这项工作根本不像班长说得那样简单，不仅一时半会儿干不完，更重要的是不具备起码的安全施工条件。暖沟除了只有一个入口外，没有另外的孔用来流通空气，再加上苯这种材料毒气太大，钻入密不透风的暖沟涂刷这种防腐材料要出事的。我跟班长把问题一说，郭班长冷冷地反问：“你说怎么办?”我的要求有三点：一是改用其他防腐涂料；二是把暖沟另一个端点的人孔破开进行空气流通。如果不想费工费时，那只有第三个办法，严格按操作规程，戴防毒面具进行施工。

郭班长一听火冒三丈，吼道：“这么一点儿活儿你怎么这么多事，不想干甭干，我今天停你的工。”看班长不讲道理，我不紧不慢

地反驳："宁可让你停工，我也要安全！"之后，郭班长叫来了小蔡，让他带人去干。不到10分钟，小蔡带着全部人喘着粗气爬出暖沟，对班长说："不行，实在刷不了！"可郭班长的性子很倔，冲小蔡和几位女工说："我就不信这点儿活儿你们干不了！"然后喊道："张某，你下去把管子刷完就可以回家了。"张某身体棒得跟小牛犊似的，拎起油漆桶，跳下暖沟就往里走。不到15分钟，张某跌跌撞撞地从暖沟里爬上来，半晌才喘了一口气说："班长，这管子实在没法刷。"

傍晚收工的时候，听土建班组的人说我们班出事了，郭班长晕倒在暖沟里了，要不是高队长及时派人爬进暖沟把他拖出来，非出人命不可！

那次，这位蛮干的郭班长受到了惩罚。这件事虽然过去了许多年，但我一辈子也忘不了这个教训：不懂安全的人不能上岗！

118. 瞎指挥会出危险

在一次工作中，我（司某某）因遵守科学规律因而避免了一次事故。

那还是我当潜孔钻司机时，我和一名工人钻完最后一个炮孔，准备把潜孔钻挪到另一台阶上。因为钻机的电缆不够长，所以必须把电缆解下来接到另一处电源上。电工断了潜孔钻的电后，班长马上叫我去解电缆。此时潜孔钻的电缆直接接在变压器上。我曾听电工讲过，断电后的变压器在短时间内还储存一定的余电，如果不放电就去解电缆，余电足可以把人电死或重伤。我和班长说明了原因，班长不懂，以为我找理由不干活儿。他说："电源一断，就没电了，我干这么多年了还不知道，你还敢蒙我？"他又叫另一名工人去解电缆。那名工人抄起工具就要去，被我一把拉住。这时，有一名电工过来了，我和班长问他此时变压器里有没有余电，电工说：“有余电，幸亏你们没去解电缆，不然非出事故不可。”说完，他用钳子剪了根铁丝，在变压器上放完电后说：“这就没事了。”这时，我才真有点儿后怕，一旦听从指挥去解电缆，自己性命难保。

119. 一个简单的处理却差点儿酿成一起事故

我叫葛某某，是一名炼油厂工人。曾经遇到的一次险情使我意识到，在我们的日常工作中，一定要注重安全经验的积累，这样才能最大程度地减少隐患。

那是一年冬天，我上夜班。大约在凌晨5点，我发现车间加氢装置分馏炉进料指示忽高忽低，最后干脆指向了“零”。由于该路进料与加热炉出口温度串级自动控制，这种状况会导致装置控制阀被全部打开，使加热炉出口温度明显下降。出口温度下降，意味着进料过程出现危险，必须马上解决！通过查看当时的外部温度、设备环境，我推断，可能是由于该路的流量指示引压管冻结，导致流量指示失灵，从而引起连锁反应所致。为了验证这一推断，我立即赶到车间，准备用胶皮管接蒸汽对流量指示引压管线进行扫吹加热，然后再进行缠绕保持加热。这是我们在实际工作中经常采取的一种处理仪表管线冻结故障、维持正常生产的措施。

我找来了一根长度合适的胶皮管，把胶皮管的一头与蒸汽管线接好，打开蒸汽阀门后，拖住胶皮管的另一头至引压管线旁，紧握胶皮管等待蒸汽喷出对引压管进行扫吹。一系列工作完成后，胶皮管却迟迟没有动静，我心想，可能是蒸汽阀门开度偏小了，于是丢下胶皮管，回去将蒸汽阀门开大了点儿，但还是没有蒸汽喷出。当我再一次将蒸汽阀门开大时，只听蒸汽“嘭”的一声喷了出来，吓了我一跳。

我定睛一看，原来是胶皮管与蒸汽管线的接头脱落了。好在我站在蒸汽喷出方向的侧面，要不就被喷出的蒸汽灼伤了！我惊出一身冷汗。

看到这一情况，我立即关闭了蒸汽阀门，琢磨着怎么会出现这样的情况？经过仔细检查，我发现原来是胶皮管中存有积水，由于天气冷，积水凝结将胶皮管堵住了。在蒸汽阀门开度较小时，因时间短、温度低，不足以融化胶皮管中的结冰，导致蒸汽被冷凝而不能及时喷出。而当蒸汽阀门开度较大时，短时间内胶皮管与蒸汽管线接口处的压力过大，引起了胶皮管的挣脱。找出问题后，我又重新接好胶皮管，将蒸汽阀门开到较小的位置，耐心等待胶皮管喷出蒸汽后，再稍微开大蒸汽阀门，顺利完成了引压线冻凝的处理。

一个简单的处理，却差点儿酿成一起事故。这件事使我认识到，尽管是一个简单的操作，也会有许多安全注意事项。比如，用蒸汽扫吹管线时，要避免因蒸汽凝结而成的热水顺着胶皮管壁返流烫伤人；注意胶皮管在通畅的情况下，要避免因蒸汽阀门开度过大，造成胶皮管另一端突然甩动，使自己或他人被喷出的蒸汽灼伤；还要注意冬季时，在胶皮管不通畅或结冰的情况下，要避免因蒸汽阀门过度开大，导致胶皮管与蒸汽管线接头的脱落而造成开阀门人员被蒸汽灼伤。此外，还应当考虑到在使用胶皮管引蒸汽时，必须检查胶皮管的完好情况以及是否老化等，防止在使用过程胶皮管突然撕裂而喷出蒸汽伤及附近的人员。

120. 多亏一件棉衣保护才没有送命

我（龚某某）的好朋友张某，是煤矿采煤队的一名放炮工。有一天早班，工友打好工作面的全部炮孔后，张某也紧随其后把所有的炸药和雷管线准备好了，跟班长说他要分组放炮，分组放炮要比一次性放炮崩落的煤炭多。

张某冒险进入工作面起爆了第一组的 5 个炮，没有等炮烟散完，接着他又开始连接第二组的放炮母线。为了节约时间，他在距爆破点十几米的地方，用一块 3 毫米厚的铁溜子作为掩护，伏下身子就启动了起爆器。就在这一瞬间，其余的炮也一起炸响了，张某被炸得昏死过去了。过了近 30 分钟，班长觉得不对劲儿才到工作面查看，这才发现了张某并把他送到矿医院进行抢救。

张某违章放炮的事情很快就传到我的耳朵里了，我火速赶到医院手术室了解情况。医生说送来时张某还有意识，看来还不是很严重。在手术台上，医生想尽办法用手术刀清除他后脑和背上煤炭颗粒时，张某痛苦地挣扎、呻吟着。伤好后，张某谈起违章放炮的事情，幸亏当时穿了件厚棉衣保护了身子，不然的话恐怕已经被炸死了。而今，在他的背上和后脑仍然留下部分去不掉的煤炭颗粒。

121. 不系安全带险些丢性命的教训

我（王某）师兄是煤电公司的一名焊工，名叫马某某。了解我师兄的人，都知道他是一个性情急躁、胆子特大的人，工作中需戴安全帽、系安全带时，他嫌麻烦，常因违章作业受处罚。但各种处罚都没有改变他的这些坏毛病，直到有一年师兄因一次违章作业差点儿从 4 楼跌落，才彻底改变了他的违章蛮干行为。

那是夏日的一天，班长安排我和师兄去拆卸单身宿舍楼走廊墙上的旧煤气管。很快我们就顺利地拆完了 3 楼的管子，但在 4 楼遇到一段锈蚀严重的管子外接头，我们用尽各种办法均告失败。心急火燎的师兄不顾我的阻拦，爬到 1 米高的墙上，让我牢牢地拉住管子，他则站在墙上用管钳拆卸外接头。师兄卡好外接头后，双手握住管钳，用尽全力猛扳，只听得“咔嚓”一声，受力的管子外接头突然发生断裂，师兄由于用力过猛，一下失去重心，整个身体扑了出去。好在师兄反应敏捷，刹那间，用双手牢牢抓住墙外的一根水管，双脚勾在墙边，整个身子倒挂在墙外，吓得他大声喊叫。待惊魂未定的我缓过神儿来，才死死地按住师兄的双脚，生怕他抓的管子再断裂，久久不敢松手。

这起未遂事故不但使师兄在工作中再也不敢违章蛮干了，而且他还常常以这次亲身经历来告诫我们：安全生产不能麻痹大意，一定要穿戴好劳动防护用品，这样才能保证自己的人身安全，否则将会给企业和个人带来不可挽回的损失。

122. 罐车紧贴着身体经过，险些造成事故

我叫冯某，那年 12 月 20 日从部队复员来到煤矿当井下工人，经过一周的上岗前安全培训，被分配到掘进队工作。有一天下午 1 点多入井，到工作面就和老工人一起紧张地打孔、放炮、支护、装渣、推罐，尽管得到老工人的不少照顾，但十多个小时不见阳光，在危险、潮湿、充满噪声的工作环境里工作，从没有过这样大的劳动强度。我和其他 3 名新工人累得疲惫不堪，骨头像是散了架，不知道熬了多长时间，终于盼到安全收工。

我们 4 人拖着沉重的身体，到副井底等专门运送人员上下井的罐车。因为没有赶上第一趟罐车，听说下一趟罐车还要等 2 小时。

我们此时不仅劳累，还很饥饿，穿着被汗水浸透的衣服，浑身冰凉。

忽然，我见到副井的斜度不大，人完全可以顺着坡爬上去，只有约 500 米的距离，于是我们就行动起来。走了 100 米，见到巷道里根

本没有人行走的痕迹，最可怕的是，运料的罐车上下速度很快，只能紧贴巷道两帮躲闪。频频上下的罐车紧贴着我们身体经过，十分危险。但此时已进退两难了，只有铤而走险继续向上走。在黑洞洞的斜巷里，只要看到牵引罐车的钢绳运行，我们就立即把身体紧紧贴到巷帮上，每过一趟罐车，像是过了一道鬼门关。大概爬了 30 分钟，隐隐约约见到井口照进来的灯光，才知道终于爬出来了。

我们爬出井口，六七名工人把我们几个围住，厉声呵斥道："你们几个真是胆大包天，竟敢爬副井。"原来井口的师傅见到巷道里有矿灯光线后，判断可能有人爬井，十分吃惊，没有见过这样恶性的违章行为，立即停止了罐车的提升。

30 多年过去了，我深深地感到，新工人的岗前安全培训十分重要，新老工人的安全"一帮一"不可缺少，否则新工人不知深浅，不知道会出什么样的事情。

123. 不知道平台上瓦斯聚积，爬上去被"闷"倒

我叫王某某，是煤矿的一名探钻工，4 年前的一次违章无风作业，让我险些丢掉了性命。

那年 10 月中旬的一天中班，队值班人员安排我和另外两名工友在掘进四队工友的带领下到 S1719 尾排立井处 13 米高的平台上作业。到达作业平台下面后，为了赶时间我们不等掘进四队人员到达（由于掘进四队的员工未到，我们不知道此处在放了交班炮后，还没有恢复通风系统），就由我带头往 13 米高的平台上爬。由于通风系统没有恢复，平台上聚积了许多瓦斯。先爬上平台的我在两名工友还未爬上去时就被瓦斯"闷"倒了，此时两名工友也因感到头晕而自顾不暇，无力救我。危急时刻，幸好掘进四队的两名工友及时赶到，他们一边

向矿调度室汇报，一边用风管对着我晕倒的平台猛吹，及时输送了新鲜气流，然后把我从平台上背下，才使我得以死里逃生。

事后，我被矿上处以200元的罚款并在全矿通报批评，还在队安全大会上做了检查。这次深刻的教训在以后的工作中时刻警示着我：井下工作要时时想到“安全”二字。从那以后，我再也不敢违章蛮干了。

124. 戴手套操作旋转机床差点儿断手

18年前，我（明某某）大学毕业后被分配到冶金设备制造公司工作。在公司人事处办理完相关报到手续后，我被带到公司安全处，进行为期一周的安全知识学习。面对各种各样的安全操作规程、安全防范要点，我感到枯燥无比，一周的学习我并没有认真对待。一周后，我被分配到下面的分厂，结合分厂的实际，我又进行了一周的安全学习，然后被分到班组，进行了一个月的岗前安全教育。老师傅告诉我，这就是公司对新员工实施的“三级安全教育”。我颇不以为然：我又不是小学生，犯得着这样一级又一级、一遍又一遍地教育吗？

培训完了之后，我被分到车工班实习。车工安全操作规程里有很重要的一条，就是操作者工作时不允许戴手套。因为手套很容易被绞入旋转的车床主轴，酿成大祸。开始，我也像其他员工一样不戴手套，但时间一长，我心疼我的手变得越来越粗糙，便偷偷地戴起手套来。终于有一天，我在用戴着手套的手去拉缠在车刀上的铁屑时，旋转的车床主轴绞住了我的手套，我的手无法从手套里拉出来，跟着主轴一同旋转。听到我的惨叫，旁边的一名工人飞速跑过来关掉了我车床的电源，车床才停了下来。

那次，幸亏车床转速不高，否则后果不堪设想。对安全操作规程的小小疏忽，差点儿让我付出惨痛的代价。我以个人经历告诉大家：安全真的不能有半点儿马虎，珍视安全就是珍视生命！

125. 做样子应付检查坠落架板

我叫郑某某，10 年前的一件事，至今我仍然记忆犹新。那时我在车间是一名检修工，因我在工作中踏实肯干，所以经常被借调到其他车间去支援检修工作。

那年厂里年度大修，由于时间紧、任务重，我被借调到检修任务最繁忙的合成车间去支援，被安排在净化现场众多高大的设备塔之间从事管道焊接。这里检修环境复杂，立体交叉和高处作业多。因为当时年轻，胆子又大，为了焊接时走动方便，高处作业时我身上系着安全带而没有将安全带挂在固定物体上，只是为了做个样子去应付检查，但终究没能逃过安全员的眼睛。

一天，我在高空架板上焊接管道，干得正起劲儿时，听见车间安全员在远处对我大声喊叫："喂，停下，快把安全带挂好！"我听后不以为然，大声回答："不要紧，没事的！"安全员坚持道："把安全带挂好吧，太危险啦！"我为了把他支走就说："好好，我马上挂！"并做出要挂的样子，等他离开后我还是没挂。干着干着就听"啪"的一声，我不小心坠落到下面一层架板上，顿时我两眼发黑，头脑一片空白，吓得我浑身发抖。清醒后我发现自己只受了点儿轻伤，幸亏坠落到下层架板上，万一坠落到地面后果不堪设想，因为我作业的地方离地面足有 7 米高。

这起事故发生后，我时常反思自己：虽然身上系着安全带，但没有将安全带挂在固定物上，跟没系安全带没啥区别。安全员的提醒是非常必要的，可我却当耳旁风，只顾工作不要安全，虽然没出大事故，但毕竟还是发生事故了。这起事故说明我头脑中安全意识淡薄，存在侥幸心理，拿生命当儿戏。

每当想起这次事故我就后怕，同时也感到后悔，后悔当初没有听安全员的话。现在我作为企业的安全管理人员，时常用自己的亲身经历教育工友，在工作中时刻把安全放在首位，杜绝事故发生。

班组安全分析

1. 猴子与老虎的故事

森林里住着一群猴子。有一天，猴子们看到一只熟睡的老虎。无聊中，猴子们打赌：谁能摸摸老虎的胡须，谁就是英雄，就是老大。于是，其中一只胆大的猴子，发现老虎睡得很香，想着凭自己敏捷的身手，摸一下老虎的胡须是没有问题的。想到这里，它欣然前去，大步跳到老虎的旁边，抓起老虎的胡须，沾沾自喜地享受着围观猴子们的阵阵喝彩。这时，老虎被弄醒了，一睁眼就看到了眼前的猴子，一张嘴就把猴子咬住，结果可想而知。这只可怜的猴子临死前叹息道："我只知道老虎什么时候睡着，却不知道它什么时候醒来！"

这则安全小故事告诉人们：危险就像一只沉睡的老虎，违章违纪的人就像那只自作聪明的猴子，忽视了老虎醒来后对自己的伤害。

2. 事故的三个属性

与任何事物一样，事故也具有自己的属性，一般来说有以下三个属性：

一是潜伏性。这是指事故还未发生和未造成后果时，生产现场处于正常和平静状态。由于没有引发事故的条件，事故就静悄悄地潜藏等待，等待人的不安全行为和设备设施不安全状态的出现。为了消除人的不安全行为和设备的不安全状态，必须按照国家安全生产法律法规、规范标准的要求，建立安全行为准则，提高全员安全生产素质。要知道，只要生产中的危险因素未被消除，生产作业现场的正常和平静只能是暂时的、短暂的，因为此时事故正处于孕育阶段。

二是偶然性。这是指事故的发生是随机的，何时何地发生何种事故以及会造成何种后果，具有一定的偶然性。事故的偶然性寓于事故的必然性之中。

三是因果性。这是指一切事故的发生都是由于存在的各种因素相互作用的结果。生产中的人身伤亡事故，正是由于物和环境的不安全状态，人的不安全行为，管理缺陷以及对突发的意外事件处理不当等原因所引起的，绝对不会无缘无故就发生了事故。事故的因果性是事故必然性的反映，事故产生的原因是客观存在的，而且大多数事故的原因是可以被认识的。事故的因果性说明，只要生产中存在危险因素，则迟早要发生事故。

针对事故的属性，我们可以用辨证法的观点和方法进行分析，把不安全行为和不安全状态看成是主观因素，即内因；把事故触发条件看成是客观因素，即外因。外因是通过内因起作用的。要想做到安全生产，必须大力消除人的不安全行为和物以及环境的不安全状态，使得触发条件这个外因没有依附的主体而无法产生和起到“催化”作用，达到杜绝事故发生的目的。

大量事实证明，员工在生产作业过程中，其安全取决于：生产环境的设备是否具备安全条件，员工的行为与生产作业环境的匹配是否处于安全状态，员工的行为是否符合安全的要求。既然触发条件是促使不安全行为和不安全状态转化成事故的催化剂，那么消除不安全行为和不安全状态，使事故触发条件没有产生依附和存在的基础，则是保证安全生产的中心工作。为此，员工在生产作业过程中，要按照安全操作规程进行操作，建立安全行为准则，千万不要违章违纪和麻痹大意。

3. 班组安全工作应着力于“四个抓”

班组安全是企业安全的基础，班组安则企业安，班组安全工作做好了，整个企业的安全工作也会面貌一新。在班组安全工作上，应着力于“四个抓”：

一要抓教育培训。安全教育培训是安全生产预防事故的思想基础。生产班组要抓好安全教育，使班组成员充分认识事故的破坏性、突发性和做好安全工作的重要性，从而增强员工做好安全工作的责任感、紧迫感。要经常组织班组成员学习相关法律法规、制度规范，不断强化班组成员的安全意识，始终绷紧安全生产这根弦。

二要抓预测预防。凡事预则立，不预则废。只有积极做好预测预防工作，才能把握安全工作的主动权。要定期分析班组安全工作的落实情况，及时查找和纠正工作中的问题与薄弱环节。在一些特殊时期，要认真分析和预测可能出现的问题，有针对性地采取防范措施，把事故消灭在萌芽状态。

三要抓落实制度。管理松散、制度废弛是事故之源。预防事故工作，重在抓制度措施的落实。要牢固树立“靠严格管理抓安全”的思想，及时发现和消除不安全因素和隐患，从点滴入手做好预防事故工作。班组长要认真履行职责，经常实施安全工作检查督促，真正做到事故苗头一出现就抓，违章违规行为一发现就管。

四要抓查找问题。认真地查找存在的问题，积极吸取事故教训，是做好安全工作的重要环节。班组长要始终保持清醒的头脑，看到安全生产中的不足，注意把苗头当作事故来抓，把别人的教训当作自己的教训来吸取，把怕事故的压力转化为抓安全的动力和实实在在的行动，把工作做到前面、落到实处，防止各类事故的发生。

班组话题讨论

话题讨论之一

“木桶理论”的启发

“木桶理论”认为，假设组成木桶的木板有长有短、参差不齐，木桶的盛水量，不是取决于最长的那块木板，而是取决于最短的那块木板。那么，要想提高木桶的盛水量，关键在于将最短的那块木板补长。这就告诉我们，若要提高事物的整体功能，必须抓住构成整体的薄弱而又不可缺少的环节予以改善。

现在我们要讨论的话题是：

在班组活动中，大家可以想一想，在安全工作上有没有“木桶理论”所说的那块短板？有没有可以避免的人为事故？有没有遭遇过意外危险和意外伤害？如果存在“短板”，如何修补成安全的“长板”？

话题讨论之二

不安全行为的控制方法

减少班组成员的不安全行为，控制是非常重要的。经常采用的控制方法有：物质激励法、精神激励法、纪律约束法、管理控制法、文化改变法等。

现在我们要讨论的话题是：

你认为控制不安全行为，哪种方法比较有效？如果采取重奖重罚的方法，你愿意吗？如果采取安全文化逐渐改变的方法，你认为会有效果吗？

五、事故关系你我他，安全连着千万家

——不注重细节导致事故的亲身经历与教训

安全警句

作业之前多预想，检查防范需周详。

工作称职不称职，安全工作作标尺。

责任心是安全之魂，标准化是安全之本。

对违章的庇护，就是对职工的伤害。

要想把好安全关，思想工作要领先。

堵不死违章的路，迈不开安全的步。

安全是无形的节约，事故是有形的浪费。

脱离安全求效率是水中捞月。

一人把关一处安，众人把关稳如山。

安全是生命的基石，安全是欢乐的阶梯。

126. 贸然操作被矸石斗砸中腿

一起事故可能断送人的生命，也可能是虚惊一场，但是，无论怎

样，我们都不能不对事故进行反思、进行防范。那年7月发生在我（杜某某）身边的一起事故，给了我一个很深刻的教训，在以后的工作、生活中我要更加细心，更加注意自己的安全、家人的安全、朋友的安全、同事的安全。

那天早晨刚起床，就有电话打到家中："嗨，不得了了，咱们单位出事了！"

要知道在煤矿工作的人一听见这话都很紧张，我不知道该如何是好，结结巴巴地问："谁？谁？怎么回事？不要紧吧！"

原来是我们单位一名有十几年工作经验的老工人王师傅被压断了腿。当天早班，在矸石山进行矸石排放工作的王师傅和其他工人在一起工作。由于绞车司机粗心，绞车出了故障。在观察了绞车的情况后，班长认为车斗快要掉下来了，掉下来容易砸伤人员，因此要求大家找长一些的工具远距离地把车斗弄下来再进行修复。但是当时在场的副班长王师傅却认为可以就地进行处理，在大家讨论的时候，他一个人拿了根撬棍就跑过去贸然进行处理。当他刚把撬棍伸进车斗底部时，车斗一下子翻了下来，正好砸在他的腿上。同事们迅速进行抢救，但是，王师傅的腿还是没能幸免，最终落下了终身残疾。

如今，在矿区我经常看到王师傅拄着拐杖一瘸一拐地走路，每当此时我心里都有一股说不出的滋味，总觉得要是王师傅不受伤该多好啊。哎，要是当时，他和大家一起按要求处理就好了！

127. 锅炉这种特种设备是不能被糊弄的

我叫汶某某，在干休所当见习营房助理的时候，锅炉房的许师傅给我讲了他在当司炉时的一个故事（实际上是事故）。他所负责的锅炉是一台老掉牙的2吨蒸汽锅炉，已经被修了好多次，都不能再修了。单位始终想换，虽说打了多次报告，但上级的更新经费一直紧张，直到出事时仍然未能更换。

事故发生当日正是许师傅当班，他当时正在四处巡视，忽然听到锅炉左后部一声巨响，随后看见有大量的蒸汽涌出，仅仅十几秒的时间，锅炉房就已经被蒸汽笼罩，什么也看不清了。许师傅知道一定是锅炉出了事故，按照锅炉发生事故紧急停炉的步骤，慢慢地凭着记忆摸索着来到电子控制柜前，关闭了所有电源，又探索着走到锅炉门前打开炉门，熄灭了炉火，然后用电话通知主管领导。时间不长，主管领导来到了现场，此时蒸汽已经散去了大部分，他向领导介绍了当时发生的情况。大家小心地走到他说的位置一看，所有人都愣住了，位于锅炉左后部的炉墙中央偏下一点儿位置被炸出了一个直径约 1 米的大洞，从这里可以清楚地看到后部的锅炉本体。锅炉箱年久失修，加上水管损坏漏出的水对它的腐蚀，锅炉箱壁变得很薄，承受不了锅炉的工作压力而发生爆炸。万幸的是当时司炉人员未在此处巡视，否则后果不堪设想。

运行中的锅炉，必须定期进行严格检查，及时发现问题和消除隐患，防患于未然。对待特种设备一定要慎之又慎，确保万无一失。

128. 被泄漏的氮氧化物气体呛了一口

那年 7 月 24 日凌晨 1 点多，某厂硝酸车间浓硝工段三轮班班长赵某某与一名女工在高压釜岗位关一只加氧阀时，被旁边高压釜大盖泄漏的氮氧化物气体呛了一口，赵某某只喝了一瓶炼乳，未采取其他措施，仍坚持生产作业。其间他咳嗽多次，略感腰痛，曾到室外空气新鲜处休息了几次。上午 7 点，工段长上班得知情况后，把赵某某用自行车送入医院，接受输液和高压氧舱治疗。10 点多，赵某某病情开始恶化，经多方努力抢救无效，于当晚 21 点 30 分死亡。

这是一起发人深省的事故，它给我们的启示是：在任何情况下都应按章办事，不能心存侥幸。

赵某某身为班长，对氮氧化物的毒性是十分清楚的，但他却违章作业，关阀门时不戴防毒面具（岗位每人都配有防毒面具），凭经验憋一口气，想着关好阀门就马上回来。但现场情况是千变万化的，阀门可能锈蚀，可能变形，可能被卡住，总之什么情况都可能出现。如果处理时间拖延，就会发生事故，不能想当然地认为每次阀门都可以轻松地、快速地被关闭。

硝酸是该厂主要产品，为了夺取高产，班长赵某某可谓尽心尽力，在他的指挥下，当班超额完成任务，取得了当日四大轮班竞赛的第一名，但也使他带病工作而延误了治疗的最佳时机。据了解，那天岗位上并不缺员工，他完全可以把工作安排好后去医院治疗，他却只顾工作。带病坚持工作是安全生产的大忌。

129. 一个苹果引发一起车祸

那年 1 月 20 日晚，中央电视台《东方时空》《时空连线》节目关注的是一起触目惊心的车祸：1 月 13 日早上 8 点 30 分，一辆从温州开往宜宾的满载 58 人的大客车翻入深沟，导致 8 人死亡，4 人重伤，15 人轻伤。据调查，造成这起惨祸的起因竟然是一个不起眼的苹果。

据坐在第一排座位的乘客回忆，客车开到湖南省湘西土家族苗族自治州永顺县境内时，突然，坐在前排座位的一个孩子手中的苹果掉了，滚到了驾驶人的脚下。丢了苹果的小孩哭了起来，驾驶人担心苹果会钻到制动踏板下面，影响客车制动，就一边开车一边用脚去踢这个苹果，踢了多次也没踢出来，便弯腰去捡。捡起苹果起身时，驾驶人发现车子偏离了方向，赶忙打转向盘纠正，但已经来不及了，车子一头扎进了路边五六米深的沟里，四轮朝天翻倒在地。

车祸就这样在一刹那发生了。

表面上看，事故的原因是那只苹果引起的，但是，本质上却是驾驶人缺乏安全驾驶意识，处置不当所致。试想，假如当时驾驶人停车后捡起苹果，那么惨祸就不会发生了。一个小小的失误，一个不经意的疏忽，让车上的 8 名乘客死亡。驾驶人在该次事故中承担主要责任。

在事故面前，普通大众要提高自身的安全意识与自我保护的能力，而车辆的驾驶人必须时刻注重细节，避免细小的因素导致重大灾难的发生。

130. 不听放炮工和安全员的劝阻中毒身亡

有一年 4 月 25 日晚上 11 点，某黄金矿业公司调度室响起急促的电话铃声，一位工人在电话中声嘶力竭地吼着："井下出事了，有人中毒了，赶快救人！"

不一会儿，人们的说话声和匆忙奔跑凌乱的脚步声打破了夜晚的宁静。人们脸色凝重、心情焦急，向井口飞奔而去，但愿这是一起一般事故。

中毒人员升井后，医护人员经过检查感到情况危急，给氧后要求赶快送市医院进行抢救。令人遗憾和痛心的是，医院很快传来不幸的消息，中毒者因为中毒过深，经抢救无效死亡。

这位中毒者是四川籍人，姓邱，才二十出头，结婚三个月，过完春节就带上新婚的妻子出来打工了。

那天，小邱上中班，和另一名工人负责一条天井的出渣工作。入井后，上早班的放炮工下班晚了，还和他们会了面，告诉他们天井内炮烟大，不要上天井去作业。安全员检查到他们作业的地点，也发现了炮烟问题，要求他们出完天井下面的渣子就升井（因为天井通风不畅），千万不能上天井去作业。可小邱和另一名工人就是不听放炮工和安全员的劝阻，在9点多出完天井下面的渣子以后，在没有通风的情况下，自认为天井内的炮烟已经排完，就违章爬上天井去作业。结果，天井内聚积的是有毒气体，他们上去以后感到头疼腿软，便赶快往下走，但那时浑身没有力气。另一名工人在下天井的过程中从天井上掉了下来幸免于难，而小邱在下天井的过程中，可能是手脚无力，就趴在梯子上不能动了，结果因中毒太深而死亡。

这是一起典型的违章作业事故，明知天井内的炮烟出不去，还要硬着头皮强行上去作业，把自己的生命当儿戏，结果付出了生命的代价。

131. 不搭脚手架、不系安全带一头栽下来

有一年8月的一天，建筑工地施工队的黄某与王某一起床，就被班长叫住了。

“今天，你们两个去把大楼外墙的洞补一下。”

“洞，就是那个直径半米左右的小洞？”黄某一阵纳闷，不禁插嘴问了一句。

“对，你们去补一下。要当心哦，先搭个钢管脚手架，再系好安全带，再……”班长不住地叮嘱。

黄某心里嘀咕道：我干了那么多年建筑，干这么一点儿小活儿，

不必那么兴师动众吧！他没把班长的话当回事。

按照班长的吩咐，黄某和王某来到大楼底下，抬头看了看那个洞。说它低吧，不低；说它高吧，也不算太高。要补这个洞，还非得用架子什么的撑一下不可。按照班长的说法要搭个脚手架，补这么一个小洞，就要搭一个独立的钢管脚手架，这也太麻烦了点儿。

黄某一边想着，一边环顾四周，视线落在了墙边的铝合金人字梯上。"就用这梯子，你帮我看着，我来补。"

"行吗？"王某半信半疑地问道。

"没事儿，做了这么多年了，相信我，没错的。"

于是，黄某随手拿了一顶安全帽，往自己的脑袋上一扣，爬上了靠在墙上的梯子。

王某抬头看着黄某一点儿一点儿地往上爬，心想：看来没事儿，到底是老师傅。

黄某一边爬一边得意扬扬地想：这不挺好的，幸亏没听班长的，搭什么脚手架，那要做到什么时候。看来今天可以早点儿下班了。下班后，找人去喝酒去，找谁呢？黄某正胡思乱想，突然觉得身体晃了一下，栽下了梯子。

王某看到黄某从梯子上一头栽下来，一下子吓傻了。幸好他还记得救人，马上拦了一辆车，将黄某送到了附近的医院。虽然医生竭尽全力抢救，但黄某因脑部严重受伤，经抢救无效死亡。

王某自言自语地说："如果听班长的话搭个脚手架就好了。"

事后，事故调查组一致认为：事故的主要原因是违章操作。违章的根源，就是麻痹大意、嫌麻烦、想走捷径。这个悲剧留给我们的教训是深刻的。

 132. 带徒传技千万莫忘传授安全

有这么一起死亡事故，既令人震惊，又令人惋惜。死者是一名技术精湛的师傅，竟然会死于跟随自己学习技术的徒弟之手。

事故发生在汽车修理厂的检修现场。死者胡某，30多岁，江苏阜宁人。前些年，胡某身怀修理机动车的技艺，只身来上海闯荡。那年，他在众多应聘者中脱颖而出，被上海市一家高级汽车修理厂聘为大客车修理工，他谋得了一份令人羡慕的工作。几年来，他凭着精湛的技术和勤奋努力，工作上取得了不少成绩，许多修理中的“疑难杂症”，经他到场一般都能“手到病除”。由于他的“加盟”，企业的效益也日趋好转。后来，胡某带了一个姓郑的徒弟，徒弟是从安徽来上海的，性情爽快，对师傅十分尊重。胡某对这个徒弟十分中意，毫无保留地向徒弟传授他的技术和经验。如此一来二去，师徒俩情同手足。

有一年冬天，一场雪花刚刚飘过，寒冷的天气使汽修厂的修车活儿多了起来，忙乱之中一件意想不到的事故发生了。那是1月19日上午，胡某带着小郑修理一辆大客车。胡某仰面朝天钻到驾驶室的底盘下，一边向徒弟讲述修理的情况，一边熟练地把大客车的驻车制动分泵修理完毕，然后叫徒弟上驾驶室把车发动起来试一试。小郑听到师傅的吩咐，哪敢怠慢，于是径直上了车。小郑既不是专职驾驶员，又根本不知道试车的要求，上车起动了发动机，脚踩下了加速踏板。哪晓得当时大客车的变速器正挂在前进挡里，一踩加速踏板，车辆突然向前开去，弹跳了一下。小郑想起师傅正躺在车子底下，知道事情不妙，早已被吓得六神无主。待他停住车时，车辆的右后轮已经从胡某的身上无情地轧过。小郑见由于自己的过错将师傅轧死了，竟失声痛哭起来，这哭声里有怕、有悔、有恨，还有很多复杂的情感。

这是一起十分惨痛的事故，痛定思痛，事故又给我们带来哪些启示和教训呢？长期以来，人们一般认为师傅带徒弟就是传授生产中的知识和技能，忽视了传授安全技术、安全知识，这不能不说是师傅带徒弟模式中的一个盲区。这个盲区如若不彻底清除，那么即使技术再好、水平再高的师傅，教出来的徒弟也只懂生产技术不懂安全技术，是缺乏安全意识的人。要知道，许多工伤事故，就发生在青年徒工的身上。

133. 不听劝不遵规，自以为是受伤害

某工厂数年前从对口扶贫的地区招来了一批合同工。其中一位合同工名叫赵某，小学文化程度，好自以为是。招工时本不想录取他，怎奈村里再三推荐：小伙子肯干，家里也困难，收下后村里也可以少一个特困户。最后看赵某长得身材魁梧、健壮、有力气，就勉强收下了。由于文化水平低，赵某被分配到运输队当了一名跟车装卸工。

赵某有了固定的工作、稳定的收入，心情舒畅，工作努力，听从厂里师傅的指导。只是随汽车今天东明天西，有时早有时晚，学习的机会和与集体共同生活的时间少。时间一长，他进厂时的那股新鲜劲儿没了，积极向上进取的心思也逐渐衰退了。在缺乏监督、检查、指导的情况下，原先好自以为是的毛病不仅没有被克服，反而愈加发展了，搬货物时怎样省力就怎样做，完全不顾工作要求。与他同车的驾驶人是个中年人，赵某来跟车之初，他对赵某很关照，特别是在生产安全方面，对赵某进行了认真的教育，当时赵某也听得进去。时间一长赵某就嫌驾驶人啰唆，常常把他的话当作耳旁风。驾驶人想赵某已经进厂几年了，也算是个“老工人”了，尽量少管闲事吧！

有一天赵某随车到焦炭库装焦炭，料仓放料门的把手离地面 2 米高，在上料皮带机旁，按规定在车辆停稳后人站在车厢板上拉把手放料。赵某为了省事没有站在车厢板上操作，自恃身材高大，就站在车尾与皮带机之间的夹缝里踮着脚拉动放料门把手。在皮带机旁的料仓操作工叫赵某赶快停下来，说太危险，赵某却不予理睬。此时卡车车厢的前半部分已堆满焦炭，赵某叫驾驶人将车前移。当卡车移动时，赵某被挤在卡车与皮带机架之间，一旁的料仓操作工急忙指挥卡车挪开，让赵某走出来。赵某从夹缝中走出来后就倒地不起了，被送往医院后，因动脉血管破裂经抢救无效死亡，一条 26 岁的生命就此结束。

这起事故的发生令人叹息，赵某不按操作规程有关规定执行，又不听料仓操作工的劝阻，最终导致事故的发生。

134. 千斤顶滑脱让他失去两根手指

机修工小林因操作不慎左手失去两根手指。那段断指的痛苦经历，那种惨痛的教训，在他的心灵深处留下了难以愈合的伤痕。

那年 9 月的一天，上午 8 时 15 分，机修班接到抢修任务，12 号工程车发生故障。身为机修班班长的小林当即叫上班里的另外 3 名机修工一起赶赴抢修现场。这位有着 17 年工龄的机修班长，在他的工作经历中，像这样外出抢修实在是太普通了。机修班“养兵千日用兵一时”，本来就是对付各种紧急险情的。经查，12 号工程车因液压系统出现故障，造成工作台无法下降。机修工们想到的第一个办法就是让驾驶人把操纵阀放到下降位置，3 名维修工采用借工作台栏杆向下冲击的办法，达到下降复位的目的，反复试了几次都没有效果。凭经验断定，是油缸柱塞和导向套咬死了。于是他们又采取第二套方案，把油缸同升降横梁中的 T 形接头螺栓拆掉，再用千斤顶顶内笼，使内笼升起。由小林与一名组员进入内笼扶住油缸，用两个千斤顶交替升降，将内笼及工作台恢复到原始位置。至此，小林没有忘记吩咐另外两名组员，在左右两侧用木头做好安全保护措施。一切似乎都是顺顺当当的，交替几次操作后，内笼距离原始位置仅有 30 厘米了。谁也不曾想到，就在此刻由于一只千斤顶下面的平面发生倾斜，千斤顶滑脱，整个内笼突然下降，小林扶千斤顶的左手被砸得血肉模糊。他眼前一阵发黑，剧烈的疼痛使他几乎失去了知觉。

小林勉强支撑着爬出内笼，被送到医院就诊，同时，有人通知了公司领导。经过手术，小林左手小指和无名指均被截去。这年，他才 40 岁。

就这样，小林永远地失去了左手的两根手指，而且是在他整整工作了 17 年的岗位上。

135. 清洗蓄水池思想麻痹多人硫化氢中毒

水站根据年度计划，需要对蓄水池进行清洗。蓄水池长 20 米、宽 10 米、深 5.5 米，为半封闭状态，在水池的两个角各设置了一个供人员进出的人孔，在蓄水池的中部区域分散安有 4 根直径 100 毫米的钢管，使池内的空间与大气相通。清洗蓄水池是每年都要干的“例行公事”。每年清洗都太平无事，谁也没有把它当作一件大事、有危险的事来对待，令人想不到的是这次居然会造成 3 人死亡的事故。

清洗当天，由制水站班长带领手下的 8 名工人，在上午 7 时 30 分开始作业。在班前会上班长交代入池以后小心滑倒，有事就大声喊叫，除此再也没有其他安全措施了。为了清洗池底，必须先将水全部抽走，于是他们用了 2 台潜水泵抽水。在部分水被抽出后，有位老工人用被抽出的水冲地面，似乎闻到了硫化氢的气味，于是赶快报告班长。班长说："蓄水池我又不是第一次清洗，哪里会有硫化氢，即使有也在污泥里。"老工人又说："潜水泵抽出了污泥，所以池子里会有大量硫化氢。"班长不耐烦地说："别人没闻到就你闻到了，你的鼻子怎么那么灵！何必大惊小怪，有点儿气味也是常有的事。"

思想麻痹的班长根本没把硫化氢当作一回事。要知道，硫化氢浓度稍高时会刺激人的眼睛，吸入者会出现干咳及胸部不适等现象；当浓度再高时就会发生急性中毒，可致人死亡。

老工人出于安全考虑，再次提醒班长：外单位已经发生过清洗水池硫化氢中毒死亡事故，我们不能大意！班长仍然听不进。这位老工人看看事已至此，再坚持下去会伤了和气。

班长最终很不情愿地对老工人作出了让步："好好好！安全要重视，你就当今天操作过程的监护员，负责观察，有事赶快报告。"班长讲完以后没有再采取别的措施，就自顾自地忙起其他活儿了，一心只想早点儿把水池清洗完，以免影响蓄水，耽误用水是要被扣奖金的。

讲句公道话，对这次清洗蓄水池，班长也确实有苦衷。在安排计划时，班长曾提出要停产一天半，用半天时间抽水，用一天时间来清洗，调度员坚持只能一天清洗完，否则影响供水。若要装通风机排气送风，一天不可能干完。因此班长把完成任务摆在了第一位，安全只好让步。再加上他过分自信，听不进别人的话，决定蛮干到底。

抽了将近 2 小时的水，池底的水基本被抽光，按照分工，班里的 4 名操作工由人孔进入池内清洗。开始工作还没多大一会儿，池底的工人就被淤泥中冒出的硫化氢气体熏倒了。过了一会儿，担任现场监护的老工人通过人孔向池底张望，发现 4 人倒地，立即报告了班长。班长以为工人是被电击倒地，立即切断了电源。等他明白过来是硫化氢中毒时，因手头无防毒面具，急忙打电话报警。救护人员到达后将入池的 4 人拉出水池立即施以人工呼吸和给氧、注射强心剂等治疗，除 1 人得救外，其余 3 人还是死亡了！

136. “好人”焊工没有好到点子上

电机厂的中年焊工徐某，踏实肯干、老实听话，是有名的“好人”。

那年 7 月 24 日班前工作会上，徐某被派去金工车间拆除电机壳流水线旁用铁质网板搭建的隔离网。该网直线长度 17 米，高 2.8 米，固定在横向布置的三根角铁上。由于初建时要求不高、安装马虎，网板不牢固，有的地方还是悬空的。徐某的具体任务是割断角铁，放倒铁质网板。班长在布置任务时，考虑到这项工作要动火、要登高，安全上也有所安排，决定派小工李某去隔离网的另一边——喷漆车间监护防火工作，对高处作业监护却派不出人，想想也就算了。临时来指导工作的设备员（兼管维修工作），看到没有高处作业监护人员就发话了：“切割隔离网严格地说也是高处作业，没人监护不妥当。”班长讲：“班组派不出人，一定要监护的话请你代劳一下。”设备员想意见是自己提的，好在今天事情不多，有时间，就帮帮这个忙，也好落个好名声。

9 点多，徐某和设备员来到施工现场开始工作，开工不到 1 小时，车间主任来了，对设备员讲某单位来了几个人，想了解一下设备方面的情况，生产设备主任离不开，请设备员去接待一下。设备员想我这里正有事，不去接待又说不过去，怎么办呢？他想到徐某一向好说话，交代几句让他一个人去干，自己已经到了现场进行过监护，也算是尽责了。设备员向徐某说了句“工作要小心”，就离开了。徐某想，网板不高，危险不大，自己已经割得差不多了，一个人干也没有关系。

“好人”徐某在设备员走后，就一个人闷着头干了起来。他先割断了左端最上面的一根角铁后，将竹梯移到右端，把最上面和最下面的两根角铁割断，留着中间的一根未割。徐某走到网板的中央处将竹梯放好后，在距右端近 7 米处将网板从上往下割掉，割网的同时将 3 根角铁同时割断。就在徐某将竹梯移向左边时，网板突然向徐某倒下来，把徐某砸在地上。对面监视动火的小工李某听到倒地声赶到现场一看，赶快呼救。徐某最终因颅脑损伤而死亡。

事故发生以后，厂里议论纷纷，大家感叹好人没有好报。徐某的确是“好人”，是他没好到点子上，好得没有了原则性，对自己的安全不予考虑。思想上的麻痹是造成这一事故的主要原因。

137. 事故就发生在一念之差

在许多工伤事故中，受害者往往又是事故的肇事者。这一现象既令人痛心，又发人深省。需要引起注意的是，事故会不会发生，有时候就在一念之差。

那年 8 月 17 日下午，某住宅小区工地上的施工人员汪某、夏某两人，要对即将验收的工程做一次验收前的检查。下午 2 时 40 分左右，汪某和夏某在 4 号门的 11 层楼室内检查家庭防盗警报系统的接线盒后，要到 5 号门的 11 层楼室内检查家庭防盗警报系统的接线盒。汪某、夏某二人本应该从 4 号门 11 层下到 1 层，再从 5 号门 1 层上到 11 层楼，但他们二人没有这样做，而是贪图方便、忽视安全，想从 4 号门 11 层楼直接跨越到 5 号门 11 层楼。夏某首先翻越 4 号门 11 层楼阳台护栏，通过 4 号门与 5 号门 11 层阳台中间的女儿墙跨越到 5

号门 11 层阳台上（阳台相距 1.2 米）。4 号门 11 层阳台上的汪某将工具传递给夏某后爬上护栏，在跨越阳台时从高处跌落，当即死亡。

这本是一起完全可以避免的事故，然而就这样发生了。一个鲜活的生命就在这一步的跨越之间消失了，实在让人惋惜。

汪某是一位只有初中文化、年仅 23 岁的小伙子，做线缆工才 5 个月的时间，刚进公司的时候也曾参加三级安全教育培训。可是在工作时为了图方便，完全把自己的生命安全抛在了脑后，在侥幸心理的驱使下，导致了不该发生的悲剧。

138. 夜班独自作业意外受伤害

在机械厂，李师傅年近 50 岁，身体强壮，技术全面，是操作平板机的能手，号称“万事通”。他干起活儿来风风火火，雷厉风行，工作作风是能快则快、决不拖拖拉拉，对时间抓得紧，从不给自己休息和情绪调整的时间，机器开起来就不停机。需要方便时也是找人看一会儿，还是不停机。管理人员提醒他，但这些话他不爱听，依旧我行我素。

这天李师傅来上夜班，在与班长和白班工人进行短暂的岗位交接后，就开始了在平板机上的工作。起初厂房内还有工友们走动，到了 19 点，下班的人都匆匆离去，厂房变得安静下来，只剩下李师傅一个人工作。

那天没有管理人员巡检。到了 21 点，李师傅出现了错误操作，双手被夹入旋转的铁辊之中，无法脱身。出于本能，他用力控制住手不被继续卷入，同时大声呼救，希望有人来救他。可惜厂房里就他一个人，连路过的人都没有。大约喊了 10 分钟，李师傅知道不可能有人来救他了，必须自救。痛苦中他用牙齿将调整铁辊间隙的手轮咬松，使铁辊之间的间隙放大，被压扁的双手终于从铁辊之中拽出来了。他忍着疼痛，跑出厂房，呼喊着向其他车间的工友求救。

这起事故的发生，事先毫无预兆。李师傅在工作了 3 小时后，在检查产品质量时发现钢板走斜，于是，他走向平板机进行调整。由于当天降雨，有水落在钢板上，再加上钢板表面有防锈油，当他用手推动走斜的钢板时手指打滑，手滑入了滚动的铁辊之中，导致双手被挤。

作为一线工人，要注意听取和采纳管理人员有价值的安全建议，要改进工作方法，要纠正不良习惯，在工作中要严格遵守安全操作规程，不能风风火火、能快则快，这样做免不了要吃亏。

139. 一盆水竟搭上两条命

那年 4 月 18 日中午，某砖厂发生一幕惨剧，5 名工人正为一台搅拌机更换绞刀时，搅拌机突然疯狂地运转起来，瞬间将两名正在绞刀机槽内的工人吞噬，现场惨不忍睹。

那天上午，厂长安排机修班长吴某某为搅拌机更换绞刀，吴某某随即带领老何、小吴等 3 名工人开始干活儿。11 点左右，吴某某又喊来开完推土机的老姚帮忙。老姚和老何两人在更换绞刀时由于无处落脚，蹲在狭小的机槽内干活儿。换完一台机器的绞刀之后，小吴换下了老姚，继续更换另一台搅拌机的绞刀。刚把绞刀安装好，就在大家舒口气准备出来时，搅拌机突然运转起来，老姚连忙大叫“怎么搞的？快停电！”仅仅十几秒的时间，老姚亲眼看着搅拌机中的小吴及老何在眼前消失，新更换的闪亮的刀片上挂着血淋淋的肉块和布条。老姚被吓得目瞪口呆，手上还没来得及点燃的香烟掉在地上。

机器怎么会自己运转起来呢？经仔细观察，发现搅拌机操作台紧挨着另一台搅拌机，落满灰尘的台面上有明显的水痕，其中控制出事故搅拌机的按钮开关的塑料盖右下角缺失一块儿，地上扔着一个塑料盒。经调查，当时吴某某看到有一台搅拌机内还有前一天剩下的泥料，为了防止泥料干掉，他端来一盆水，隔着操作台泼向机槽内，不慎将水溅到操作台上，搅拌机运转起来。吴某某猛按红色的停止按钮，可是搅拌机仍转个不停，他赶紧喊另一名工人拉下了电闸，搅拌机才停住。原来是水导致搅拌机开关短路，使搅拌机运行起来。

这起事故看似意外，但它的发生却是违规操作导致的结果。搅拌机说明书上明确写着："机器维修时要断电，并将离合器扳开。"离合器被扳开后，即使电机运转，也不会带动绞刀旋转。砖厂检修制度也规定：机器检修时要拉下电闸。砖厂一个半月就要更换一次绞刀，工人们干活儿时为了图省事，20 多年来更换绞刀时从未拉开过电闸或扳开离合器，两道保险措施只要采取其中一个，悲剧就不会发生。每一次维修搅拌机的几个小时中，工人们的生命就悬系在这一按钮开关上，如果谁无意中碰一下，或什么物体坠落砸在上面，后果将是一样的。砖厂领导长期以来对此熟视无睹，制度只是挂在墙上应付检查，从没有落到实处。

一盆水竟搭上两条生命，教训何其深刻！痛定思痛，希望所有人都能真正吸取血的教训，多一份对生命的关注，加强对工人的安全教育，不忽视每一个细微的环节，不放过任何安全死角，使这样的悲剧不再重演。

140. 趿拉拖鞋上班，生命被机器吞噬

事故发生在那年 7 月。这天有雷阵雨，最高温度 35 ℃，最低温

度 28 ℃，是个闷热得令人不舒服的日子。在某包装公司打工的梁某，与往常一样，吃过早饭和 3 名工友准备去车间上班。他感觉有些闷热，于是伸手抖开衣领扇了扇风，余光扫过放在床边的一双拖鞋，略微犹豫了一下，还是趿拉着拖鞋匆匆出了门。

梁某是黑龙江人，19 岁的他在包装公司做平压压痕切线机操作工，工龄已有两年多了。此时刚过 8 点，梁某等 4 人分成两组准时开工。与梁某一组的是四川人余某，梁某操作机器，余某负责将压制好的包装纸去除边角废料。在“隆隆”的机械运转声中，切线机的压架和压板犹如一张硕大的“虎口”开开合合，不断吐出压制好的包装纸。梁某一边熟练地操作着机器，一边抬起手擦汗，嘴里还不时嘟囔几句“这鬼天气，贼热!”谁知开工没多久，梁某发现有纸掉到“虎口”里去了，他急忙踩住机器脚闸，探着身子把头和手一起伸入机器里进行调整。

事故就在这一刻发生了。

梁某在探身的时候，脚上的拖鞋打滑，松开了原本踩着的制动脚闸，致使压架上翻，梁某头部和右手同时被切线机压住。

现场的工友赶紧去关了电源，想把机器推开救人，结果发现根本推不开，于是找来工具拆卸机器。等拆掉了机器，人们看到梁某已经死了。

穿了双拖鞋，排除故障时忘了按停止按钮，微不足道的一点儿疏忽，就让 19 岁的梁某送了命。

141. 使用油罐车拉水引发爆炸

王某某是当地有名的电焊工，不但技术好，还讲义气，从不跟人计较工钱。有啥事找上门，只要你能把自己的意图说清楚，他干的活儿，保证让你说不出个“不”字。为此，许多大公司想高薪聘请他，然而王某某却不去，自己租了几间门面房干起了个体。别人都为找活儿发愁，他却一年到头忙不过来。这天，就在他忙得不可开交的时候，市运输公司的老赵又找上门来，想让王某某去焊一下油罐的罐口。

老赵同王某某是多年的老朋友，这次有事找上门，王某某自然一口答应。确定好时间，王某某嘱咐老赵回去把油罐灌满水，把罐里面的可燃气体排出来，不然焊接时就会出危险。老赵回到单位，找了辆拉油的车往准备维修的油罐装水。这是一个已用过两年多的 10 吨储罐，如今想把它修一修放到另一个工地上临时盛油。刚往罐里灌了一车水，正赶上运输公司的副总从外面回来，一听说是王某某让往罐里灌水，副总对老赵说：“你是真糊涂还是装傻？你是不是没同王某某说清楚咱们修的什么罐，这个罐盛水盛了两年多了，里面不会产生可燃气体了，用不着再往里灌水了。”老赵一想副总说得有道理，就不再往罐里灌水了。

到了约定时间，王某某带着工具一到运输公司，老赵就把只灌了一车水的事告诉了他：“你看我就是好忘事，我们这个罐在工地上盛了两年多的水了，在这期间没有盛过油，你就放心大胆地干吧。”王某某上到罐上看了看，见不是什么难活儿，就简单交代了一下，让徒弟小吴在上面焊接。

小吴蹲在罐口上，他感到不时有浓浓的汽油味从里面冒出来，于是问道：“赵师傅，里面怎么有这么大的汽油味？”老赵笑着说，“你是有印象病，我们这罐两年多没沾过汽油了，要是让你上去一修，就自动生出汽油来，你还成神人了。”

见老赵同徒弟贫嘴，王某某也没说什么，家里的活儿堆成了山，他想抓紧时间干完活儿，好回去干家里的活儿。就在这时，一道火光一闪，紧接着一声巨响，像炸雷一般，把王某某和老赵推出了很远，正在罐上实施电焊作业的小吴被抛出了五六米远。这盛水的罐怎么也爆炸了？

王某某从地上爬起来就向小吴冲去。万幸的是小吴没有生命危险，他被送到医院后很快就苏醒了。然而事故发生的原因，却让人费解。

在把小吴送到医院抢救的同时，人们分析着爆炸的原因。“一定是用电方面的问题，”副总说，“咱这油罐盛了两年多水了，不可能再有残油，没有残油就产生不了可燃气体。”话是这么说，可爆炸毕竟已成为现实，这着实让人百思不得其解。

王某某问道：“这水是从哪里拉的？”

老赵说：“我们是用自己的油罐车从一个建筑工地上拉的。拉的水保证没问题。”

“油罐车，是不是正在使用的油罐车？”

“对呀，正在使用的油罐车。”老赵肯定地说。

“我明白了。我说老赵，就是你用油罐车拉的这车水惹的麻烦。不用说你也知道，油罐车里总会有 20 升左右的油底子，你用它去拉水，就等于往水里加了 20 升汽油。汽油浮在水的上面，焊罐口等于在焊汽油桶，哪还有不出事的道理？”王某某明白了。

“我怎么没想到这个！”老赵拍拍脑袋说，“公司领导正在分析事故原因，我们快过去把这情况告诉他们，大家都好好总结一下教训，以后千万不能再犯这样的错误了。”

142. 在施工现场请务必“戴”好安全帽

那年 9 月我（梁某）回农村老家的时候，听说邻居王二伯在建筑工地打工时被砸伤了，原因是未戴安全帽。

原来 2 个月前，在建筑工地施工过程中，吊塔上吊运物料时吊斗不慎碰在墙壁上，吊斗内装的砖有一些散落下来，将正在一楼干活儿的王二伯等 4 人砸伤，所幸王二伯用手护住了头，被砸成轻伤，另外 3 人都被砸成重伤。

当我找到那家建筑工地的时候，施工仍在紧张地进行，似乎什么也没有发生过，门口一块醒目的标语牌写道："请带好安全帽！"不知是笔误还是其他原因，本来应"戴"的安全帽被写成了"带"。当我问包工头张某时，他振振有词："我们的制度很严，没有安全帽是不可能进入施工现场的，不信你可以问工人。至于那次事故，完全是意外。"事实上当时 4 人的确都"带"着安全帽，只是未"戴"在头上罢了。

王二伯十分痛心地对我说："你知道，俺外出打工就想多挣点儿钱，工地是按干活儿的多少给钱的，戴着安全帽干活儿碍事，以前工地要求严的时候怕查着扣钱也戴过，但风头一过就忘了，再说我从年轻时就在工地打工，从没出过事，谁想会这么巧呢？现在后悔又有什么用呢？"

由于他们 4 人未按规定戴好安全帽，负有一定责任，包工头只答应支付部分医疗费。

由此我想到一些企业的检修作业现场，虽然人人都"带"着安全帽，很多人不是拎在手里就是放在身边或挂在作业现场附近，更有甚者，把安全帽当作临时休息的小凳子坐在屁股下，一旦危险来临悔之晚矣。安全帽的"戴"与"带"，虽是一字之差，差别却很大，一次又一次血的教训在提醒我们：珍惜生命，请"戴"好安全帽！

 143. 水泵带电引发洗车工触电死亡

穷人的孩子早当家。小董家里贫寒，为了生计，刚过 16 岁就弃学在家，帮父母干农活儿。在家时间不长，他又和父母分别，远赴广州打工，开始在外闯荡的生活。因个头小，他吃了不少苦，也没挣下多少钱。后来听说新疆能挣钱，小董就和老乡一起，来到了新疆。

以前在外地打工，小董学会了修车和洗车技术，有一年，他经人介绍到一家汽修店上班，负责修车和洗车。然而，那年 6 月，他在洗车时，因水泵电机短路造成漏电，发生触电事故，他年轻的生命从此画上了句号。

那天 20 点 30 分左右，汽修店来了一辆汽车，车主和老板很熟悉，把车一停稳，向小董交代了一下洗车的事情，就到店内打牌去了，只有小董一人在场工作。20 点 35 分左右，小董光着背，穿着拖鞋，走到水泵开关跟前合上闸，就去高压水枪处拿起水枪冲洗汽车。大约 20 点 37 分，小董一头栽倒在地上。他倒地时被远处屠宰场的人员看到，大声呼叫，汽修店的人员听到叫声后出来，发现小董触电，这才关掉了开关，但小董却永远闭上了眼睛。

事故发生后，经当地安全生产监督管理部门对事故调查取证进行分析，发现造成这起事故主要有以下两个原因。

首先是设备存在缺陷。经对现场检查，发现水泵没有接地防护装置，导致水泵电机短路后产生了对地电压造成电击。电源线没安装漏电保护器，使电机短路时没能及时切断电源。水泵电机进线防护罩因长时间高温熔化变形，有一根电源线绝缘层熔化粘在接线柱上，其他两根电源线绝缘层严重炭化，与电机紧贴。所以设备缺陷是事故发生的主要原因。

其次是个人防护不到位。因店主没有给小董配备个人防护用品，

所以小董在从事洗车作业时，没穿绝缘鞋和工作服，没戴绝缘手套，导致水泵带电后，电流通过高压水管内的水柱，与小董的手连通，导致触电。

就这样，一个年轻的生命因为店主的疏忽大意，早早地结束了，想起来不禁令人感慨万分。

144. 操作冲压设备时注意力不集中压伤手

那年 11 月的一天晚上 10 点左右，某金属铸件厂冲压车间员工张某在冲床加工机芯垫圈时，由于所加工的原材料在模具内未被送到位，冲压后造成条料变形，无法正常取出零件，张某使用左手到模具内去调整条料。当时，冲床未停机，使用的是急停按钮，张某右脚未脱离脚踏开关。张某左手向上用劲儿调整条料时，右脚不小心触动脚踏开关，冲头落下，将张某左手压在模腔内造成重伤事故。

冲压作业由于冲压机械滑块儿垂直下冲速度极快，伤手伤指事故较多。以前行业内曾流行一句话：十个冲工九个残。以 100 吨冲床为例，滑块儿每分钟往复次数为 75 次，即单程一次只约需 0.4 秒。当操作者发现或感觉到滑块儿下冲时，把在冲床内的手收回来是来不及的，因此经常造成伤害事故。

在这起案例中，发生事故的主要原因，是张某在操作冲压设备时注意力不集中，上岗操作时违反安全操作规程所致。当条料在模具内未被送到位时，冲压的零件报废，引起条料变形在模具内拉不动，正确的操作方法是先关闭冲床开关，再进行相应的处理。张某未停冲床开关，仅使用急停按钮暂时停机进行故障排除，是严重违反操作规程的行为。

145. 高处作业安全带使用错误不幸坠落

有一年 5 月 3 日，某石化建设项目施工现场发生了一起承包商员工高处作业坠落事故，事故造成一名人员死亡。

那天夜班，来自某防腐施工单位的 2 名施工作业人员准备进入一座油罐内进行喷砂防腐作业。限于油罐内特殊的作业环境，施工单位事先自制了吊篮，并通过油罐顶相邻的两个通风孔固定开口定滑轮，由吊篮上两台卷扬机牵引进行升降作业。

20 点 20 分时，2 名施工人员进入油罐内，准备提升吊篮至油罐顶，自上而下进行喷砂作业。20 点 30 分左右，当吊篮上升至 18 米高时，作业人员尚某一侧的卷扬机钢绳突然从开口定滑轮滑脱，尚某被安全带挂在半空中，另一名作业人员坠落。事出突然，现场的其他工人看见这一情况，赶紧上前救下了吊在空中的作业人员，经过检查，这名工人未受到伤害。另一名作业人员葛某某从 18 米高空坠落到油罐内浮盘上，当场摔成重伤，经送医院抢救无效死亡。

死者葛某某的安全带未挂在固定物上，是事故发生的主要原因。根据规定：高处作业人员应系用与作业内容相适应的安全带，安全带应系挂在作业处上方的牢固构件上或专门为挂安全带用的钢架或钢绳上，不得系挂在移动或不牢固的物件上；不得系挂在有尖锐棱角的部位。葛某某虽然身上系了安全带，但其安全带未挂在固定物上，当临时工作平台一端坠落时，安全带未起到保护作用，直接从 18 米高处坠落，导致事故的发生。

146. 碍于“面子”硬是不脱裤子的教训

某化工厂曾发生过一起令人啼笑皆非的死亡事故。一次，一名男操作工在草酸母液池边为化验室取化验小样。为图一时方便，他没按规定在护栏处取样，而是违规在池边敞口处踏板上用提斗取样。操作工一不小心踩翻脚下踏板，落入温度为 60 ℃左右的母液池中，被别人拽上来立即送往厂保健站，厂安技科文科长闻讯赶到。这种烫伤，到了保健站只要赶紧脱下衣服，做些紧急处理，敷上专用烫伤药膏很快便好。可是，这位员工看到现场有几位女同志，自己碍于“面子”硬是不脱裤子，文科长与大家苦口婆心地劝说也无济于事。情急之下文科长决定，立刻把他送往医院。来到医院，他倒是脱了裤子，可仍不肯脱内裤。大夫劝了半天，大约是裆部疼痛难忍，他勉强让男大夫把他的内裤剪下。然而，由于延误时间较长，这名员工下身严重感染，终因血液中毒而死亡。

温度不太高的液体，比较容易处理的烫伤，只要及时救治本无大碍。可就这么个简单的事故，偏偏碰上个死要面子的员工，要面子却失去了本不该逝去的生命。文科长每当忆及此事总后悔不已——如果当时自己再果断点儿、强硬点儿，或许能保住那位员工的生命。

147. 走出事故阴影成为“安全明星”

“我感谢领导，是各级领导把我拉出了深渊，使我重新站起来了。”某火车站一次事故的主要责任人、新当选的“安全明星”廖某某，在车间“爱岗敬业、确保安全”专题讨论会上感慨万千。经过近 3 年的深刻反思和不懈努力，廖某某“脱胎换骨”，不但被提拔为调车长，还经过全站干部职工投票，当选为“安全明星”。

那年 6 月 4 日，火车站驼峰值班员廖某某在接到变更计划后，没有将变更计划传达到制动员，间接造成西调连接员在未停轮的情况下进入车底摘风管，被当场轧死。事故发生后，责任人廖某某被撤职，并扣发 3 个月奖金。

在相当长一段时间里，廖某某为失去同事伤心痛苦，也为自己的前途担心，一度意气消沉。就在他深陷痛苦难以自拔的时候，车站领导主动找他谈心："小廖，错误只能代表过去，不能代表你的今后。我们不会因你一次过失而完全否定你、遗弃你。希望你放下思想包袱，重新开始，我们相信你。"在大会、小会和班前、班后点名会上，车站领导和车间干部多次表示：曾经出过事的同志，只要认识了错误，改正了错误，并取得一定成绩，达到评先进的标准，职工照样可以选他当先进。

在大家的帮助下，廖某某抛弃了顾虑，走出了阴影。他在工作中严要求、高标准，以良好的心态做好每一项工作。有一年 3 月，一台机车出现故障不能动了，廖某某接到救援命令后，马上进行救援。作业中由于他责任心强，发现机车后的车辆被人关闭了塞门，立即进行处理，防止了车辆溜逸区间的严重事故。

据不完全统计，3 年来，廖某某义务加班 288 小时，防止各类事故 12 起，并实现了"零违章"，成为全站安全生产的放心人。

148. 上夜班心存侥幸睡岗酿成事故

我叫马某某，是一名化工生产人员，过去在工作中常常怕麻烦，抱有侥幸心理，不遵守安全规定，比如不戴安全帽、高处作业时不系安全带等。但一次事故后我再也不敢有侥幸心理了。

我永远也不会忘记 3 年前的 9 月 16 日，就是因为心存侥幸，我给公司造成了经济损失，也差一点儿给自己造成终生遗憾。我们车间主要生产乙炔气，我的工作是用微机控制设备不间断地生产乙炔气，在水环压缩机的输送下供后续工序使用。为了稳定生产，管路中间有起缓冲作用的乙炔气柜，生产中气柜必须保持一定的容积。那时我的睡眠质量不好，夜班前很少有睡着的时候。当时我的孩子还不满周岁，房子也小，孩子的一点儿动静便能影响我的睡眠。那天我上零点班，上班前又没有睡好，坐在微机前我头痛得厉害。4 时 30 分，厂安全值班人员巡岗过后，我实在太困了，没有发现料斗内电石已用完。看着气柜里面的气压不低，我想，稍微休息一下不会有事的。谁知这一睡便睡过了头，直到 5 点另一岗位的巡检人员发现乙炔气柜气压低才将我喊醒，我急忙往发生器振料，发现料斗中已无料，并且水洗塔已经液封，随后水环压缩机跳闸，只有停车处理。在检查的过程中，人们发现气柜里面的气已被用尽，与气柜相连的气体管道已被气柜水槽内的水灌满。

幸好是水充满了乙炔管道并使水环压缩机跳闸，假如将空气抽进系统并送入下一道工序，后果将不堪设想，整套设备被毁不说，或许还会有生命危险。想到这些，我身上冒出了冷汗。

虽然现在设备的安全设施更加完善，但因为那次深刻的教训，我再也不敢心存侥幸了。在此我也希望大家以我为鉴，对工作不要有一丝麻痹大意，并且一定要处理好工作与休息的关系，因为事故的后果是不可估量的，只有拥有安全，我们才能获得更多的幸福。

149. 我的第一次也是最后一次安全罚款

我叫金某，是煤矿的一名普通员工。我从小就爱爬树，在十几米高的黄桷树上倒吊着一点儿也不觉得害怕。长大后我当了电工，经常要从事高处作业，对我来说，爬电杆是很容易的事，甚至觉得好玩儿。那时，我们部分年轻电工有个坏习惯，就是不喜欢系安全带，嫌它碍手碍脚，有时候大家还嘲笑系安全带的老电工怕死。

结婚后，我这个毛病依然没有改掉。有一次，煤矿机电部安排电工班检修电话线，我接下任务后就匆匆忙忙上了电杆。“你怎么没有系安全带啊？赶快系好，这是严重违章！”原来，我没系安全带的行为被厂里的安监员发现了，他毫不留情地开出了罚款单，并制止了我的错误行为。

这是我上班以来第一次被罚款，心里觉得挺窝囊，回到家里就把这件事跟妻子说了。妻子听后不但没有安慰我，反而把我数落了一顿，说我该罚，最后还流着眼泪说：“你只管自己逞能，要是真有个意外发生，我和孩子怎么办，你这样做不只是对你自己不负责任，也是对家庭不负责任，以后可不许再这样了！凡事都要想想后果。”妻子一番真情的诉说，让我无地自容，连连点头说以后一定注意安全。

没过几天，我听说某单位一名电工在上电杆作业时不幸掉下摔死，原因就是因为没有系安全带。送葬时，他年轻的妻子抱着年幼的儿子哭得死去活来。这时，我终于明白了为什么老工人在高处作业时都不忘系安全带，因为他们知道自己身上的责任，生命不只属于自己一个人，也属于他们的家人。回想起我的第一次安全罚款我感到无地自容，但欣慰的是这么多年了，第一次罚款也是最后一次罚款。现在，我也成为一名老工人了，每次高处作业，都不会忘记系安全带。我也要劝告那些年轻的同行们，系一根小小的安全带并不费事，可它系着的却是自己的生命和一个家庭的幸福啊！

150. 家里的好“助教”助力安全

李某是矿区的一名清洁工，丈夫张某是矿机电队的维修班长，二人关系很好。但是张某有个毛病——爱喝酒，喝了酒还不爱吃饭，对身体特别不好，对工作安全也不利。

对此，李某开始是严格限制张某喝酒，可是没有什么用，倒招得张某厌烦，两口子三天两头吵架。后来，李某闲了就去书店逛，无意间想到了一个法子，买回了一本《医学小常识》，饭前反复唠叨“喝酒伤肝”。没想到，这招儿还真管用。半年后，张某的酒喝得少了，身体状况也明显好转了，工作也有了进步，还当上了维修班长，两口子好得不行，用张某的话说，又找回了当年谈恋爱时候的感觉了。李某的心里也美滋滋的。

那年7月的一天，张某由于班上工作业绩突出，受到了矿上的表扬。张某心里高兴，就约了几名工友回家喝酒。李某想，平时管得也够紧了，这次大家都高兴，就由了他，还做了几个拿手菜。突然，家里电话响了，队长说井下有急事，让张某赶快去处理，张某放下电话就走。站在一旁的李某急了，刚喝完酒就下井，这还了得，于是一把拉住了他。张某发了火，推开李某就跑了。李某紧追到队上，向队长汇报了刚才的事情，队长立刻让人叫回张某。

事后，张某在员工大会上被点了名，受到了批评，心里气鼓鼓的，觉得是妻子李某让他丢了面子，一进家门就跟李某翻脸。

李某想了想，有了办法，对张某说：“你光搞‘冷战’不行，我们得找个地方评评理去。”

两口子去了张某姐姐家，姐夫是一名安监干部。不用说，姐夫听了事情经过当然站到了李某那边，还给张某上了一堂安全课。不过，这一课倒是让张某清醒了：“李某去队上拦我是对的，不然很可能出事啊！”李某暗笑：只要方法得当，不怕他不服。两口子又重归于好了。

同一年年底，矿上开展员工背诵安全知识活动，队上指定让身为班长的张某参加。可张某一回到家，就把资料扔到了沙发上，还说“为什么非要搞背诵？会干不就行了，都是形式而已，没有意思。”

说者无心，听者有意。李某翻了翻张某拿回的资料，发现都是一些安全生产常识，觉得对张某应该很有用，就故意说：“你过去就挺讨厌背诵的，不会是怕了吧！”张某一听气坏了：“谁不知道我是文学青年，唐诗宋词我背得还少吗？”

张某上了妻子的“当”，每天坚持学习这些资料，还不时让妻子考考自己。在后来的背诵比赛中，张某获得一等奖。这以后，张某学习的劲头儿就更足了。

有付出就有回报。在妻子这个“助教”的帮助下，张某年年被评为矿上的“安全先进”，最近又被评为矿上的“安全能手”，张某逢人便说：“我家有位好‘助教’呢！”

班组安全分析

1. 莫因熟练而心生麻痹思想

在我国有这样一句口口相传的俗语：“瓦罐不离井上破。”意思是汲水的瓦罐免不了打破在井台上。今天，这句俗语用在安全生产中可引申为经常、重复地做违规的小事，终究会因为麻痹思想而酿成事故。

前不久，某单位一名干了30年的电工，却死在一次“司空见惯”违章的操作中，这起事故发人深省。那天，这名老电工去现场处理电器故障。当时正下着小雨，他只身一人到配电室拉了开关后就去检修现场，到下班时班长仍不见他的身影，到处寻找后，才在检修现场见到他的尸体，带电导线仍搭在他的胸部。

分析事故原因，一是老电工违反电气操作的一系列规章制度，如工作票制度、操作票制度、拉闸挂牌规定、一人操作一人监护的规定等，在无人监护的情况下操作。配电室有两个开关，本该拉右面的开关，可他却错拉了左边的开关，造成了带电作业。二是他身上带着验电笔，在现场作业前因麻痹大意没有验电。三是他违反穿戴劳动防护用品的规定，穿着一双被水浸湿的皮鞋，在用钳子剪电线时，手握在了钳子的金属部分，因而触电身亡。由此可见，这位老电工所犯的错误，都属于“低级”的错误，违反了最基本的安全规定。

“瓦罐不离井上破”，不是“规律”，而是“怪圈”，其实是完全可以避免的。从根本上讲，应当把“瓦罐”更新为不容易破碎的“金属罐”，做到“本质安全”。“瓦罐”没有更新之前，要严格按照确保“瓦罐”不破的安全规章制度进行操作，小心翼翼，决不可因熟练而产生麻痹大意的思想。

2. 生命如花篮

《生命如花篮》是一首很好听的歌曲，它让人想象出生命的美丽。

《生命如花篮》的歌词如下：

生命如花篮需要花装扮
年华如彩霞容易褪色
美丽的花朵开放在湖畔
大地儿女想攀折呀
莫迟疑莫彷徨
快趁着好春光

当你沐浴在温暖的阳光里、呼吸清新的空气时，当你与爱人牵手时，当你与朋友聚会时，当你投身工作中，当你享受生命带给你的一切时，你知道吗，有些隐患可能如同鬼魅一般萦绕在你的周围。“安全”是我们日常生活中不可回避的问题。

安全，词典中解释为没有危险，不发生事故。为了安全，人们一直不懈努力，设计了安全玻璃、安全帽、安全岛，限定了安全电压，规定了安全系数等，不胜枚举。

如果说，我们工作中存在一些安全隐患，是看不见、摸不着的，是无法提前采取措施消除的，那么一些明确要求我们采取的安全防护措施，我们执行了吗？安全帽今天你戴了吗？安全操作规程你记住了吗？安全防护装置你摆放好了吗？安全教育、安全检查等你都做了吗？如果没有，得到的可能是血的教训。血的教训并不鲜见，当那些断臂残肢出现在眼前，当那些鲜活的生命无法留住，不足以使我们警醒吗？你还会忽视安全吗？你还会缺乏应有的安全责任吗？

“安安全全上班去，平平安安回家来”，是每个人的愿望。

当旭日再次从东方冉冉升起，当生命的乐章徐徐奏响，让我们用强健的体魄去创造生活的华彩，让我们的每一天都能感受到世界的可爱，都能聆听《生命如花篮》。

3. “安全灯”的故事

我们队里有个绰号叫赵安全的老工人，至今让我记忆犹新。

工程队为了杜绝生产安全事故，强化监督检查，选拔了一位姓赵的老工人分管安全工作，人称赵安全。赵安全为人固执、严厉，整天婆婆妈妈地跟在大家身后唠叨：“哎，你的矿帽没系带子，把带子系好了再做事”“哎，你怎么没穿绝缘鞋就来了，去把绝缘鞋穿好了再来！”“跟你说了多少遍了，‘两穿一戴’是怎么说的，你先背给我听听！”这样次数多了，许多人开始怕他，怕他没完没了地絮叨，怕他跟在后面不停地纠正你的违章行为。有的人看到他就像老鼠见了猫一样赶紧躲在一边先看看自己是否违反了规章制度。

有一天吃完午饭，赵安全悄无声息地进了卷扬机房的大门，正在操作台上操作的我从玻璃的反光中看到了他，刚说了一句：“赵安全来了”，旁边休息的同事立即条件反射似地连忙穿好工作服端坐在凳子上，但在扣衣服扣子时怎么也不对劲儿，只好站起来查看，这一看使旁边的我们笑出了眼泪，原来他把衣服穿倒了。看到这一幕，赵安全也忍不住笑了，随后仍不忘提醒一句："以后再也不要这样了，'两穿一戴'是一种安全习惯，习惯不是做出来给人检查的。"

那时候，我从心里佩服赵安全的铁面无私，觉得他像一盏安全灯，明亮，温暖，又有点儿冷艳。他可以不厌其烦地跟在你身后纠正你的违章行为，直到你心甘情愿地改正；他可以为你一点儿小小的皮外伤忙前跑后，直到你打完了消炎针，包扎好了伤口，还不忘嘱咐宿舍其他同事，请他们帮忙照顾一下你。每天上班后，他会头戴矿帽，脚蹬齐膝套鞋，身穿雨衣雨裤，肩挎手电筒站在井口，一边叮咛大家注意安全，一边目送大家乘罐笼下井，之后，再与最后一罐笼工友一起下到地层深处，检查井下掌子面有没有松动的石头。工友们笑着骂他："整天像个灯泡似地照着我们，烦死了。"他不笑，也不反驳。

我常想，赵安全要是能早点儿来管安全，以前也许不会有那么多工友走得那么悲惨。

这些年里，每当我看到赵安全的身影，总有一种安全的感觉，他抓安全那样地执着、负责，感染着每一名工友，自从他上任"安全官"以来，队里再也没出现过安全事故。他使我懂得了珍视生命、珍视安全，珍视周围每一个人的笑脸。我知道，安全不是敷衍，更不是作秀，而是生命本真的体验。如果我们每个人都像赵安全一样，做盏"安全灯"，既照亮自己，也温暖别人，那么，平安就会与我们永远相伴！

班组话题讨论

话题讨论之一

对安全工作需要不需要严格管理?

鞍钢股份公司第一炼钢厂生产调度室安全管理副主任苏某某，敢于管理、严格管理是出了名的，被人称为“苏老狠”。“苏老狠”抓安全工作特别认真，手拿照相机走遍钢厂的各个角落，发现违反安全规章制度、不按标准化作业的人和事就立即拍照，处罚不讲情面。为此，许多被处罚的员工并不喜欢他。

有人认为，安全管理不同于其他工作，稍有疏忽，就可能酿成大错，如果在安全管理中不采取严惩重罚的方式，就很难保证员工不违章。也有人认为，以人为本的安全管理符合员工的意愿，同时能调动员工工作的积极性，因此，安全管理应该提倡人性化，不要采取严惩重罚的方式。

现在需要讨论的话题是：

你对敢于管理、严格管理的“苏老狠”是什么态度？如果你所在的企业、车间也有类似“苏老狠”这样的人，你是高兴还是不高兴？你认为“苏老狠”的严格管理与人性化管理是否存在矛盾？

话题讨论之二

常见生活变化与事件分值

国外安全工程研究人员很早以前就注意到生活变化与疾病或事故之间存在着很密切的关系，并对此进行了深入的研究。他们的研究证明，可以依据一个人近期所发生的某些事件即生活变化，判断他是否可能发生疾病或者工伤事故，而且生活变化事件对人发生疾病或事故所造成的负面作用的程度，可以用一种被称为生活变化事件分值的数据定量确定。

常见生活变化事件包括：配偶死亡、夫妻分居、离婚、近亲属死亡、密友死亡、儿女离家、与上级争吵、乔迁新居、睡眠习惯改变、准备度假等。如果分值积累很多，就可能会造成较大的变化而引发事故。

现在需要讨论的话题是：

如果你遇到烦心事怎么办？准备向谁倾诉？你如果遇到这些不顺心的事情，在生产作业中会怎么办？你会特别注意安全吗？

六、家有金山银山，不如安全做靠山

——痛苦与悔恨事故的亲身经历与教训

安全警句

安全永驻心中，平安春夏秋冬。

紧握安全的钥匙，开启幸福的大门。

金钱不能代替生命，蛮干只会人财两空。

平安今天，才有机会享受美好未来。

安全就像一根绳，两头牵着夫妻情。

无知加大意必危险，防护加警惕保安全。

安全是歌，谁唱谁清醒，谁听谁安宁。

安全编织幸福的花环，事故酿就悔恨的苦酒。

安全是幸福人生的基石，事故是美满生活的黑洞。

勿忘安全时时警钟长鸣，珍惜生命处处头脑清醒。

151. 未来的幸福顷刻土崩瓦解

谢某，那年 7 月经过层层考核成了煤矿的一名员工，这让他在那个贫瘠的村子里成了别人羡慕的对象。能走出大山，成为一名国有企业的员工，多少人梦寐以求，他做到了。当他背着行李遥望身后那片贫瘠的土地时，他暗下决心：一定要干出个名堂来。

谢某也真是好样的，他不怕苦不怕累，每个月都是满勤，月月都是班组里工资最高的，每次数着手里那沾满汗渍的工资，他的脑海中总能想起父母那刻满岁月痕迹的面颊，总能看见父母眼眶里幸福的泪花。除了留一些自己的生活费，他把剩下的钱全都寄给了父母，他要让父母过上好日子，还想在矿区买房子，将年迈的父母从大山深处接到矿区来过幸福的生活。

他正在勾勒自己的幸福未来，但一场劫难却悄悄地降临到他的身上。那年 4 月 9 日 16 时 45 分，作为端头工的他从工作面机尾过来，到工作面机头去做端头支护。在路经 26#~27#液压支架处的煤壁侧时，谢某被煤壁侧垮落的矸石打伤，造成左脚踝骨骨折、右腿胫骨、腓骨骨折及右胸 5~11 肋骨骨折，导致终身残疾。而就在他入井前的排班会上，值班队干部、班长及跟班队干部都曾强调：工作面 20#~30#支架段地质构造复杂，顶板破碎，禁止人员通过。

躺在病床上，他辗转难眠。他知道自己已经是个废人了，再也不能实现自己的梦想了。呆滞的眼神无望地看着天花板，他后悔自己当时为什么要怀着侥幸心理以为那一瞬间不会出事，为什么没有把排班时强调的注意事项放在心上，在明知路经的煤壁侧未进行临时支护却违章在空顶下行走。

违章，让他勾勒的幸福未来顷刻土崩瓦解，肉体的痛苦在那一刻被内疚深深地掩盖。想起父母那苍老的面孔，在风雨中劳作的背影，背着夕阳蹒跚回家的步子，他的心好疼，但他再也无法扛起压在身上的重担！工友们，请你在工作中千万不要违章蛮干，你的平安就是给父母最好的礼物。

152. 带着瘫痪的下半身他苦度余生

他叫张某某，事发时 33 岁。当年，他是和一些同龄人一起从安徽亳州市的农村招工来的，满怀青春的热情，准备在煤炭事业上大干一番，然而，一场不该发生的事故毁了他一生的幸福，让他带着瘫痪的下半身苦度余生，品尽了人生的艰难。

他清楚地记得，那年 10 月 26 日，他在煤矿基建一区一队工作，那天他上夜班，被派去支援基建一区三队工作。晚上 10 点多，他和同班工人周某某一起被分到掘进头装矸石。当时掘进头的条件实在太差，上一班的人员放过炮后就下班走了，放炮时崩倒了两棚支架，留下一大堆矸石，巷道上方还有大块的矸石随时有掉落的可能。面对这样的条件，班长吩咐他和周某某在掘进头清理支柱棚腿窝，以便架棚。他当时没有进行“敲帮问顶”检查，就和周某某一起在掘进头干了起来。夜里 12 点多，掘进头顶板矸石突然冒落，滚下的矸石砸中了来不及躲闪的他和周某某，周某某不幸身亡，他下半身瘫痪了。

躺在医院的病床上，大脑还算清醒的他看到自己由一个青春活泼、身体壮实的汉子变成一名残疾人，心里怎么也接受不了，甚至不想活了。和他恋爱 8 年的女友听到这一消息，风风火火地从老家跑到医院照看他，泪水没有擦干过。他知道，再和女友恋爱，那将拖累她一生，也毁了她一生。后来，他斩钉截铁地拒绝女友照顾，并提出分手的要求。女友含泪离开他的时候，他的心也在流泪。

每次和人聊天，他都会说，如果当时上一班人员能把被崩倒的支架及时支护好，如果他们这班人员能先“敲帮问顶”、支好临时柱子再干活儿，也不至于会出现这样的事故。

153. 因为违章把工友推上黄泉路

我叫杨某某，曾经是煤矿的一名掘进工，现在已经退休。按理说，退休的我应该快乐幸福、安享晚年，可我过得并不快乐，因为6年前的那次违章，成了我心中永远的痛。

那天我上早班，班长安排我和另外两名工友搞运输——将碛头的矸石转运到大巷。我们施工的是一个石门，从大巷到掘进碛头有一个长10米的小斜坡，矸石要经过斜坡提升才能转运到大巷。上班后我们下放了10台空车，提升了9台重车，都很正常。10点左右，碛头准备放炮，工友们推了3台重车出来，我们3个人立即开始提升重车。第一次我们按规定提了一个，在第二次提升时，为了节省时间，我们把剩下的2台重车连在一起，通知上车场的绞车司机开车后，我和另外一名工友快速跑上小斜坡，等着重车上来。

重车刚刚被提到上车场，我就迫不及待地摘掉大钩，不想忙中出错，忘记了这次是超拉多挂，前面1台车翻过了斜坡上口的安全点，后面1台车还没有翻过安全点，在重力的作用下，2台车开始后退。更为糟糕的是，为了图省事放空车的时候不必去扳阻车器，我还用砖头和木楔将阻车器垫起来了。没有了阻车器的阻挡，2台重车沿小斜坡直冲下去。

冲下小斜坡的重车又跑了几十米平巷，在巷道的拐弯处撞垮了金属支架，一根钢梁戳进了正在补风筒工友的胸腔，他也许根本没有弄清楚是怎么回事就“走”了。看到那名无辜工友的惨状，我双腿发软，一下瘫坐在地上。

事故之后很长一段时间，我处在深深的自责中，一闭上眼睛，脑子里就出现那个血腥场景。时至今日我已经退休4年了，但还是无法抹去那段记忆，回忆一次，我的心就经受一次折磨。我要劝告在岗工作的工友们：工作中一定要遵章守纪，千万不要图省事去违章蛮干，伤着自己是痛，害了别人一辈子难以忘记呀！

 154. 走错变压器室他被电击倒在地

事故的威力有多大，请你不要去测试，因为在事故面前，人的生命脆弱得像根小草。电工王某就是这样，在一次被电的弧光击倒后，他就成了“植物人”。

那一天，王某和另一名电工去给电厂的 3 号变压器加油。电厂的变压器一排共 8 台，每台变压器都在一个变压器室里。平时，变压器室的门都锁着，只有对变压器进行检修或加油时才会把门打开。因为长期的风雨侵蚀，有的门锁锈死了。这天，变压器室的门正在换锁，因此，所有的门都敞开着。按规定，要加油的变压器应该在门口挂警示牌，可是这条规定被王某忽略了。在加油前本应该对要加油的变压器进行确认，然而那一天，王某有些心不在焉，径直走进一个变压器室，里面的变压器恰恰正在运行。那一刻，一道强烈的弧光闪过，他被击倒在地，全身 30%被电弧灼伤。

王某被送进医院，医生给王某背部灼伤的地方抹上药，让他趴在床上用灯烤，然后，医生去抢救另一名因事故被严重烧伤的工人。等医生回来时，发现王某已窒息。由于大脑长时间缺氧，王某成了“植物人”。

在北京的一家医院里，我见到了已成为“植物人”的王某，他两眼茫然地大睁着，像是向这个世界发出无声的诘问。其实，他什么也看不见，什么也听不见，没有了思维，没有了记忆，没有了意识，他的大脑就像是被格式化了的硬盘，一片空白。

中秋节到了，这是合家团圆的节日，王某的妻子和女儿买来月饼和水果，放到旁边的桌子上。妻子说：“老王，今天是中秋节，一家该团圆了，我和孩子来和你一起过节，你醒醒吧！”王某仍静静地躺在那里，对眼前的情景无动于衷。一轮明月高悬空中，这是一种多么

凄凉的团圆啊！母女俩不禁泪流满面。

妻子和女儿深情、执着的呼唤至今仍没能把王某唤醒，他仍静静地躺在那里。他还要睡多久呢？医生也不知道，除非有一天奇迹出现。

155. 那次违章让他失去了人生的幸福

朋友相聚免不了嘘寒问暖、把酒言欢，那种快乐的感觉别提多美好了。然而我和好朋友李某的聚会却让我心情沉重，难过不已。

那年6月，我（胡某某）的好朋友李某在一次井下运输过程中违章作业发生事故，致使双腿被截肢。得知消息后，我利用一个假日去看望他。门虚掩着，推开他的房门，屋里很黑，透过房门的余光，我看见屋子中央蜷缩着一团黑影。

“李某。”我轻声喊道。

“灯在门口。”一个沙哑而无力的声音传来。

我打开灯，眼前的情景让我惊呆了：屋里乱七八糟，李某静静地坐在轮椅上，头发像刺猬的刺一样立着，脸色苍白，胡子很长，神情呆滞。我不敢相信，这就是我那个性格开朗、风度翩翩的好朋友，一种无法言表的酸楚顿时涌上心头。我低下头，怕他看见我的表情。

李某招呼我坐下，我尽力掩饰着自己的悲伤，轻声问道：“你现在好吗？”他用手抓了抓蓬乱的头发，有气无力地苦笑着说：“你都看见了，我这个样子会好吗？我现在生不如死，虽然领导和朋友都很关心我的生活，但是身体的残疾和精神的折磨是永远也无法弥补的伤痛。看着别的工友挣大钱，生活有滋有味，自己却整天与轮椅为伴，什么事也干不了。妻子经常不着家，嫌我是个废人。女儿常常回家哭诉，说同学们总是笑话她。我有几次都想到了自杀，但一想起女儿又退缩了。兄弟，我好后悔，为什么要违章，我还年轻，我该怎么办?”说到这里，这个铁铮铮的汉子哭了，哭得那么伤心，那么无助。我心如刀绞，安慰着他，流着眼泪和他告别。

如果没有那次违章，李某一定过着幸福美满的生活。可现实是残酷的，世上没有后悔药啊！李某的故事给了我们警示：平安是福，违章是祸。在此提醒各位矿工朋友，按章作业，注意安全，珍惜生命。只有自己平安，家庭才能幸福。

156. 一次事故改变了命运改变了家庭

出于一名安监干部的职业习惯，在听说村里有个叫于某的村民是工伤致残的残疾人时，我决定去看看他。

那是一天下午，当我在村支书的陪同下走进于某家的时候，那整齐的平房、洁白的墙面向我们展示着主人往日的幸福生活。大门的门槛已被铲平，不言而喻，这是为了他坐轮椅进出方便。从村支书那里我已了解到，于某常年坐在轮椅上，能自己爬上炕也是近一两年才练成的本领。

他受伤后不久，家中的欢乐和对美好生活的憧憬一下子就变成了泡影。妻子因承受不了这从天而降的灾难，带着孩子远走他乡，从此杳无音信。70 多岁的老母亲去山上采药时不幸摔伤，也离他而去。几乎是一眨眼间，往日那欢乐温暖的家，就成了他美好的回忆。

于某原本有一个幸福美满的家，母亲勤劳、妻子贤惠、儿子聪明，他在村里是既有力气又有头脑的“小能人”，家里虽然没有什么大的进项，但除了种好那 10 亩田外，另有几亩果园，每年还能出栏几头肥猪，是村子里吃喝不愁的小康之家。生活宽裕了，他把自己家的老房拆掉，重新建起了四间亮亮堂堂的正房和四间宽敞的道厅。为此，他除了用完家中所有的积蓄外，还借了 2 万元的外债。

为了增加收入还债，在朋友的介绍下，于某来到离家 10 千米的一个金矿去打工，一天下来，能有四五十块钱的工钱，这对于某来说，是相当可观的收入。这样算计下来，再加上地里的收入，用不了 2 年的时间，他就能还清所有的欠款。

于某打工的金矿是一家个体非法矿，设施简陋得不能再简陋，不但是独眼井，而且也没有必要的通风设备，上下井都是从一个用钢筋焊成的简易梯子来回爬。黑洞洞的矿井阴森森的，嗖嗖地冒着凉气，令人毛骨悚然。他感到这里太危险了，说不定什么时候会出事。可是想一想挣钱之后能够很快还清欠款，再说人家这几年也都过来了，从来没出过什么事故，哪儿有这么巧，出个事就让自己赶上？据一开始就在这里干的老矿工说，这个矿从来没发生过生产事故，于是他决定在这里干一阵子。

到了第二年春天，有人发现他们上下井用的梯子有一个地方开了焊，并告诉了老板。老板只说让大家注意点儿，他马上就找人修，可是一直没有落实。从井口到下面的巷道有 40 米，要是谁万一掉下去，可不是闹着玩儿的。

事情就是这么凑巧。一天，于某在下井上班时，一不小心脚下打滑，而他上面抓的正是开了焊的那根横撑。他从 20 米高的地方一下子就摔到了井底。当他从昏迷中醒来时，已是 5 天后的下午。从此，一个身强体壮的棒小伙，成了一个半死不活的残疾人，不但吃饭需让人喂、连大小便都失去知觉了。后来他听来看望他的工友说，他算是捡了一条命，在他从上面掉下去的时候，碰到了下面的工友，给他缓冲了一下，要不然，如果直接一下子摔到底，可能就没命了。

几年来，于某不断地反思着自己的人生历程，那一场噩梦，成了他永远的伤痛，毁了他的家，毁了他的一生。如果他发现隐患后即时报告领导进行处理，如果他不到非法开采的矿井工作，如果在下井时注意到危险隐患，结局会是另一番光景。

157. 离家时活蹦乱跳，回家时满身创伤

陈某曾经是一名令人羡慕的电工，但是发生在多年前的一场事故，改变了她的人生、她的命运。

那天上午，陈某和班长一起去给高压配电柜电压传感器加油。配电柜一排有十几个，每个配电柜的电压是3.5万伏。按规定，高压配电柜之间的距离不应小于0.7米。可是，由于设计不合理，每个配电柜之间的距离都小于这个数。当天需要加油的是8号配电柜电压传感器，8号配电柜右边的7号、6号配电柜都已断电，左边9号、10号配电柜正在运行。按规定，作业前应该在8号配电柜和正在运行的9号配电柜之间竖一块绝缘板，在禁区围上围栏。可是，这些工作陈某和班长都没做。配电柜高约3米，柜顶的面积不大，只能站两个人。班长已从右侧，也就是断了电的配电柜侧先上了柜顶，陈某便从左侧上。陈某摆好梯子，上了几档，左脚刚要迈上柜顶，感到一道弧光闪过，陈某被电击中了！就在陈某掉下梯子的刹那，她双手抓住配电柜的母线，以后，就什么也不知道了。等她从昏迷中醒来，已经是夜里11点了，发现自己躺在一家医院里。陈某的胳膊和左手被烧伤了，左腿的小腿被烧成了黑炭，大腿的上侧被电击形成了一个黑窟窿，肉和骨头都被烧焦了。右腿也被烧伤了，露出了膝盖骨。

第二天8点开始做手术，手术一共进行了9个小时。当陈某从麻醉状态醒来时，已经是第二天早晨了。为了不让被子压创面，陈某被罩在一个金属罩子里，罩子上面盖着被子。医生进来对陈某说："小陈，对不起，你的左腿我们没能保住。"陈某并没有感到惊讶，很平静地接受了这个残酷的现实。被 3.5 万伏的电击中，不死已经是万幸的了。

一个月后，陈某又做了第二次手术，两个月后，又做了第三次手术。

伤愈后又经过了 4 个月的功能恢复训练，陈某终于出院了，回到了离开 8 个月的家。离家时活蹦乱跳，回家时满身创伤。事故，用几分之一秒的时间就改变了陈某的命运，非常残酷。出院后，为了恢复手的功能和左腿遗留下的问题，陈某又做了 3 次手术，直到第 3 年，她才算结束了这种痛苦的煎熬。

经过治疗，陈某虽然保住了命，却落下终身残疾。回想当初她非常后悔，要不是那次疏忽大意的违章操作，也不会落得这么个结果。

158. 丈夫命丧井下“安乐窝”

我叫张某，丈夫洪某某是煤矿一名瓦斯检查员。5 年前，他抛下了我和 7 岁的儿子，永远地“睡”在了矿井下。

丈夫在没有干瓦斯检查工作之前，是煤矿里的掘进生产能手，打孔放炮、挥锹架料，样样在行，我常常为丈夫捧回的大红奖状自豪不已。一次，他不幸被矸石砸伤了腰，治愈后干不了重活儿了，矿上便安排他从事瓦斯检查的工作。

在井下，瓦斯检查员的工作强度不大，责任却很重，主要任务就是检查工作面的瓦斯浓度。然而此时，我丈夫染上了坏习惯，迷上了打扑克，为此甚至废寝忘食，一玩儿就是一天。在牌桌上精神抖擞，一到井下，便睡眼蒙眬。我劝他少打点儿牌，留点儿力气用在工作上，否则这样下去是很危险的，他不但不听，反而冲着我说“如今井下的活儿，我吹口气就干了，用不着你操心。再说，不玩牌，我的业余时间怎么过?”

一个冬天的晚上，玩了一天牌的丈夫迷迷糊糊下了井，检查完瓦斯后，便朝他的“安乐窝”走去。他的“安乐窝”建在井下一段盲巷里。本来所有的盲巷都用砖墙堵死或用栅栏挡住，并挂上“禁止入内”的牌子，严禁人员进入，这些规定丈夫自然都知道，但只有这里既清静、又能避开管理人员的检查，可以放心地睡觉。为了掩人耳目，他用小锯条把栅栏锯了个十字形的口子，然后在盲巷里铺了料，垫上席子和稻草，弄得舒舒服服的，真还像个“安乐窝”。每次他进去后，总是将十字形口子复原，不仔细辨认很难发现破绽。那天，过了下班时间他仍未出井，矿上组织人员下井寻找，也没有找到。过了许久，在“拉网合围”搜索中，才在这个死角里发现了长眠不醒的他。

事后，矿上认真追查了这次事故。在分析此段盲巷瓦斯来源时，工程技术人员认为，这是由于一股毫无规律的瓦斯从盲巷中涌出，使洪某某窒息在睡梦中。

159. 一位受伤矿工妻子的烦恼

我叫张某某，是煤矿一名矿工的妻子，我的丈夫叫姜某某，原来是矿上的一名采煤工。

我原本也有一个幸福美满的家庭，就是某年5月发生的一次顶板事故，残忍地将我的理想和追求彻底摧毁，将我的家庭无情地推向了痛苦的深渊。那次事故中，从顶板上垮落的一块矸石砸断了我丈夫的脊柱，造成腰部以下截瘫。当时，年仅23岁的他腰部以下完全失去知觉，大小便不能自理，整日与轮椅为伴。

丈夫是家中的顶梁柱，他受伤失去了劳动能力，无异于天塌了下来。我当时有孕在身，产期将近，自己都需要人照顾，哪里还有精力去照顾丈夫？我伤心欲绝，但为了肚子中的孩子，为了需要人照顾的丈夫，我选择了勇敢地面对生活。

一个弱女子要挑起全部的生活重担，其困难可想而知。儿子出生后，我肩上的担子更重了。丈夫上床下床需要我背上背下，大小便全靠我为他收拾，他经常尿床，床单被褥三天两头就要换洗一次。

我这个家之所以有今天这样的痛苦，一切都是丈夫受伤惹的祸。人可以没有钱，但不能没有健康；人可以不要地位，但不能不要安全。这是我丈夫受伤带给我的教训。

160. 好朋友的离去是我心中永远的痛

从事多年安全管理工作，各种生离死别的悲情场面见得多了，自己的神经似乎有些麻木。直到有一天，这种灾难真正发生在自己的朋友身上，我才深切体会到死亡留给朋友的痛。

那年 3 月 19 日，对我来说是个黑色的日子。就在这一天，我中学时期 3 年的同桌，也是我最好的朋友永远地离开了我。那天下午，我和往常一样深入现场进行安全检查。下午 3 点左右，我的手机突然响了，是我的另一位老同学打来的。由于平时玩笑开惯了，我接起电话就问："晚上要请我吃饭？"谁知我的话还没说完，他就打断了我的话："没功夫跟你瞎扯，小波死了！"我觉得不可能，骂道："你小子也太损了吧，小波招你惹你了，你这么咒人家！""信不信由你，这种事儿也是开玩笑的吗？他是夜里在厂里上班出的事，送到医院后在手术室死的，刚刚传回的死讯。"

他的话语非常激动，而后是一阵抽泣。我顿时就蒙了，感觉天旋地转，一阵悲痛涌上心头，脑海里浮现的是往昔的点点滴滴。

我和小波同岁，他外婆的家在我们村，我们从小就认识。步入中学的第一天，我们便成了同桌，并且一直做了3年同桌。他性格开朗活泼，为人诚实直爽，我们俩是无话不说的好朋友。然而，留给我印象最深的，还是在那并不宽裕的年代里我们互帮互助，不管是学习上还是生活上。因此我们建立了深厚的友谊。中学毕业之后，我继续上学，他则早早地参加了工作，在离我现在单位不远的一家钢厂上班。参加工作后，我们还能够经常碰面并保持联系。虽然过早地参加工作让他看上去有些苍老，但他依然像以前那样乐观向上。

小波是炼钢厂的一名混铁炉操作工，整日跟高温打交道。事发当日他上零点班。凌晨3点左右，拉铁水的机车进入了混铁炉厂房。起重机将第一包铁水顺利地兑入混铁炉中，吊起了第二包铁水，铁水包内的铁水比较满，已接近铁水包的上沿。起重机操作工将铁水包吊到了混铁炉平台上方等待挂钩。作为混铁炉工，小波从操作室出来，由铁水包前走到铁水包后将起重机小钩钩头挂进铁水包底部吊环，然后又沿原路从铁水包后绕到铁水包前，准备走到安全位置指挥起重机起吊。他刚走出去三四米远，悲剧发生了。起重机操作工在无人指挥的情况下突然点动提升了一下小钩，造成铁水包身倾斜，约几百千克的铁水立刻洒在平台上，溅落到了小波身上，小波立刻成了一个“火人”。他本能地向前方狂跑，然后就地翻滚灭火。同事们见状也马上跑过来将他身上的火迅速扑灭，他的衣服被烧得所剩无几了。他在第一时间被抬上救护车送往医院抢救。据他的同事讲，在送往医院的路上，他还能够清楚地报出父亲、母亲、妻子、女儿的名字，并准确说出家里的电话号码，让同事打电话告诉家里人不要着急。尽管如此，上了手术台后的他没能够再下来。据医生讲，手术刀无法切开他的皮肤，因为他的皮肤里密密麻麻地布满了铁颗粒，躯体像钢板一般坚硬。一个年仅26岁的生命就这样消逝了。他的家人伤心欲绝，一个原本幸福的家庭就这样支离破碎了。

161. 失去妻子的悲痛使他黯然神伤

我要叙说的这起事故，转眼已过去 10 年了。当初采访死者家属的一段回忆，至今历历在目，仿佛就在昨天。

那年 12 月 27 日，一起事故给这个家庭蒙上了一层厚厚的阴影。事情过去半个月了，面对我的来访，钟某深深叹了一口气，失去妻子的悲痛使他黯然神伤。

他的妻子王某，生前在面粉厂做临时工。那年 12 月 27 日下午，正值王某中班上班不久，她操作的那台打面筋机，外形像一只不加盖的大木箱，通过两只滚筒的上下滚动，使里面的面粉与水不断搅拌。就在搅拌到第三道时，王某发现面筋堆了起来，于是，她想用手把堆起的面粉弄开，手刚伸进去，王某一下就被带入转动着的滚筒。一旁的工友听到她的惨叫，连忙跑过来关掉机器，但是已经迟了。

王某被送到医院，因伤势过重，经全力抢救无效死亡，当时才 34 岁。

望着站在一旁的儿子，钟某对我说："儿子才 10 岁，还在读小学五年级，她妈妈就撇下我们父子俩走了。"说着，他开始抽泣起来。

钟某告诉我，他爱人是经亲友介绍到面粉厂去做临时工的。她在那家工厂才做了 15 个月，要是不出事故，他正准备到乡下为她和孩子办理进城的户口。多年来，她就盼着这一天，可她最终还是没等到！

班组安全分析

1. 幸福是什么?

幸福是什么?不同的人可能会有不同的回答。

有人说,幸福就是“久旱逢甘雨,他乡遇故知”的那种惊喜;是“海内存知己”“千里共婵娟”的那种温馨。

有人说,幸福就是“春风得意马蹄疾,一日看尽长安花”那种惬意;是“会当凌绝顶”“阅尽人间春色”的那种豪放。

有人说,幸福就是“吹面不寒杨柳风”“万紫千红总是春”的那种美感;是“牧童归去横牛背,短笛无腔信口吹”的那种悠闲。

有人说,幸福就是“泱泱海阔凭鱼跃,朗朗天高任鸟飞”的那种洒脱;是“东门酤酒饮我曹,心轻万事如鸿毛”的那种坦荡。

有人说,幸福就是“一点浩然气,千里快哉风”的那种旷达;是“美酒饮至微醉后,好花开在半放时”的那种雅趣。

有人说,幸福就是“身无彩凤双飞翼,心有灵犀一点通”的那种感应;是“今夜偏知春气暖,虫声新透绿窗纱”的那种愉悦。

有人说,幸福就是“东边日出西边雨,道是无晴却有晴”的那种微妙;是“踏遍青山人未老,风景这边独好”的那种兴奋。

有人说,幸福就是“溪回谷转愁无路,忽有梅花一两枝”的那种转机;是“新竹高于旧竹枝,全凭老干为扶持”的那种关爱。

有人说,幸福就是“月上柳梢头,人约黄昏后”的那种甜蜜;是“采菊东篱下,悠然见南山”的那种恬淡。

有人说,幸福就是“稻花香里说丰年,听取蛙声一片”的那种舒畅;是“我醉君复乐,陶然共忘机”的那种神怡。

按照最为通俗的解释,什么是幸福?幸福是指能使人心情舒畅的境遇和生活。不论幸福是什么,幸福都是建立在安全基础之上的,失去安全,灾祸临头,便没有幸福可言。对于人生只有一次的生命来说，安全最为重要，有了安全、保证安全，才会有幸福、有温情、有美好的憧憬和希望。如果失去安全，幸福不值一提。

2. 要从别人的事故中吸取教训

俗话说，吃一堑，长一智。但是在现实生活中，不少人在生产中常常遇到事故的发生，但是只要与自己不沾边，便不以为然，并不从中吸取教训，仍然我行我素，结果可能重蹈他人的覆辙。

有的人善于从别人发生的事故中找出自己该吸取的教训，引以为戒。也有的人通过作业规范、操作规程以及安全作业的各种规章制度，总结吸取前人的教训。

古人曰："生于忧患，死于安乐""忧劳兴国，逸豫亡身"。古今中外的历史经验一再告诫我们：居安思危得安，居危思安得危。越是顺利畅快的时候，越要力戒骄傲自满；越是在企业任务饱满的时候，越要保持头脑清醒。忧患是客观存在，如果我们缺乏忧患意识，看不到存在于生产中的隐患，盲目乐观，就有可能麻痹大意，松懈斗志，就会坠入危险的境地。如果没有一点儿忧患意识，难免会"大意失荆州"。

俗话说：他山之石，可以攻玉。任何安全事故的发生，其表现形式虽然千差万别，但经过仔细观察，总有一些相同的规律可循，如果能自觉主动地对别人的教训加以系统的总结、分析，并在实践中加以借鉴运用，可以有效地防止失误，以免重蹈覆辙，造成一些不必要的损失。

安全生产是企业管理的重点和永恒主题，安全文化是企业文化的重要组成部分，是企业发展的根本保证。历史的教训反复告诉人们，安全生产是一项复杂的系统工程，需要全员动手，综合治理，而不能"碰上开会讲一讲，来了文件学一学；上级督促动一动，出了问题查一查。"如果安全生产成了花架子，抓起来重要，落实起来次要；喊起来重要，工作起来不要，结果不仅会出安全事故，企业形象和利益也会受到了损失。

3. 开展班组危险源预知活动

根据事故交叉理论，物的不安全因素和人的不安全行为各自为一条直线，如果这两条直线始终处于平行状态，则不会发生事故；如果这两条直线中任一条线倾斜必然会与另一条线相交于一点，该交点便是事故。因此，如何控制并保持两条线平行而不相交即控制事故不发生，重要的工作就是要预知物的不安全因素和控制人的不安全行为，并采取有效的预防措施。

我们知道，物的危险性是由物的自然特性所决定的，而人的安全行为来自人对危险的足够认识，提高对危险源的辨识能力是预防事故的前提。据国内外有关资料统计，80%以上的事故是由于现场作业人员对有可能造成伤害的危险源缺乏事先预想或者虽然预想到有可能存在危险，但缺乏有效的防范造成的。因此，开展危险源预知活动，对避免可能诱发事故的人为因素、将事故遏杀在萌芽状态具有十分重要的意义。

(1) 危险源的预知

危险源的预知重点在危险源的辨识上。在辨识过程中要注意能量转化的问题以及有毒、有害因素的存在问题。危险源按其性质不同，最常见的有化学、电气、机械、作业场所危险源。

1) 化学危险源：指在生产过程中的原材料、燃料、成品、半成品和辅助材料中有化学危险物质，有易燃易爆、工业毒害、大气和水源污染的特性。

2) 电气危险源：指那些能引起人员触电、电气火灾、雷击等事故的电气系统，常见的危险有短路、电火花、静电、漏电及无安全防护等。

3）机械危险源：指由于外力作用而引起人员伤害的部位，常见的危险有设备往复运动、物体移位、车辆运动、提升设备运行、冲击、旋转、切割、坍塌、高空坠落等。

4）作业场所危险源：指生产作业场所的采光、通风、噪声、地面环境、设备间距、物质堆放等危险因素以及易引起人员精神疲劳、误操作、绊倒等因素。

危险源最主要的特点是它本身的客观存在性，它可以决定系统发生事故的风险大小，但并不一定会导致系统发生事故。由于人的不安全行为加上对危险源的无知，往往会导致事故的发生。

（2）危险源预知活动

危险源预知活动是针对企业生产过程的危险源，以班组为单位开展的危险预测的一种活动。它的应用有利于提高操作人员对危险的辨识和独立解决危险问题的能力，其具体内容是：依靠班组的集体力量，迅速、准确地发现本班组、本岗位的危险因素，制定具体的措施和目标，达到消除危险的目的。

（3）危险源预知活动的开展

1）查找并提出问题。班组成员集中在一起，先将本班组生产过程可能发生的危险点和危险行为都找出来，根据自己的经验和知识来分析与操作有关的危险因素，经反复讨论后汇总并按次序逐条列出危险源。

2）确定主要危险源。把班组成员意见比较集中且危险性最大的危险源确定为主要危险源，并报安全技术部门进行认定，将主要危险源打上记号。

3）确定对策措施。由于物的不安全因素或人的不安全行为会导致危险源的失控而发生事故，因此，在正确地辨识危险源之后，每个人都要针对每项危险源提出相应的对策措施，班组再汇总并整理出最有效的对策措施，列成表。对重点危险源必须制定出更具体的对策措施。

4）制定行动目标。班组要保证生产岗位操作人员熟知危险源预知的内容，从而达到规范作业行为的目的。一般要求每天班前会上人人都将危险源预知内容看（谈）一遍，班组每月小结一次，每年总结一次，并相应地调整活动的内容，以便进行下一年度的活动。班组对重点危险源应制定安全警示牌，张贴在现场醒目处。

班组话题讨论

话题讨论之一

对违章行为的认识

违章行为许多是为了获得短期的便利，而进行投机取巧，或者受利益的驱使、诱惑而对工作采取偷工减料、要小聪明来完成原本比较烦琐但安全的工作，以获得更多的利益，因而具有很大的诱惑力。违章不等于事故，事故不等于伤亡，这就是违章者敢进行违章的思想根源。

现在需要讨论的话题是：

对于生产作业中的违章行为，你是什么态度？看到违章者省时又省力，你会跟随去违章吗？你会纠正别人的违章行为吗？违章具有很大的危险性，你会向别人讲解不要违章的道理吗？

话题讨论之二

思想上的“隐患”

在生产作业现场，有些人对身边或生产岗位上的隐患视而不见，认为这些隐患对安全生产暂时不会构成威胁，心存侥幸，放松警惕；

有些人将安全部门的忠告和整改通知当作耳旁风，我行我素，结果事故频频发生，原因是思想上存有“隐患”。所以有人说，思想上的“隐患”是安全生产中最大的隐患。

现在需要讨论的话题是：

你能够查找出本岗位、本班组的隐患吗？能够注意到自己和他人思想“隐患”吗？能够认识到思想“隐患”的危害性吗？